私厨订制食谱

犀文图书 编著

# 宝宝营养食谱

中国农业出版社

# 前言

# PREFACE

俗语有言：人以群分。年龄层次、价值观、受教育程度、爱好、工种等都是用以区分人群的因素。如今的“70后”“80后”“90后”等正是按照不同的年龄层次来划分的。不同年龄层的人群有不同的共性和特征，在对社会的理解、共性、爱好、饮食的需求等方面都表现出各自群体的特点。因此，“区别对待”“具体情况具体分析”在不同年龄阶段的实际需求上有着重要意义。

饮食当然也是如此，不同年龄段、不同处境的人的营养需求必然不一样。婴幼儿脆弱、多变，需要灵活根据生长特点改动食谱；青少年处于生长发育的最佳时期，对营养有着极大的需求；孕、产妇也需要特殊照顾，在孕前准备、孕初期、孕中期、孕晚期、月子期，都有不同的补养重点；中老年机体功能下降，疾病侵身，在饮食方面也诸多禁忌。鉴于此，“私厨定制食谱”系列选取了以上四种特殊时期的人群，对其进行饮食建议，希望能够帮助处于特殊时期的人群得到更好、更健壮的身体。

《宝宝营养食谱》一书针对0~6岁宝宝生长发育过程中的饮食特征和营养需求，根据宝宝成长过程中4~12个月、1~2岁、2~3岁、3~6岁各年龄段，制订科学的膳食方案，并配以详细的菜例制作方法以及更多食用建议，让妈妈能更直观、有效地根据宝宝实际状况选择适宜的食谱。

# 目录
# CONTENTS

《宝宝营养食谱》一书，针对0~6岁宝宝生长发育过程中的饮食特征和营养需求，让妈妈能更直观、有效地根据宝宝实际状况选择适宜的菜谱。

## 4~12个月宝宝营养辅食精选



## 1~2岁宝宝营养辅食精选

## 2~3岁宝宝食物多样化营养餐



## 3~6岁宝宝均衡营养餐

# 4~12 个月宝宝营养辅食精选

宝宝一天天长大，身体对各种营养素的需要也越来越大，母乳已不能满足宝宝生长发育的需要，慢慢开始添加辅食并逐渐断奶成为必然的事情。那么，什么时候开始给宝宝添加辅食最合适呢？什么时候给宝宝断奶最好……妈妈宝宝，你们准备好了吗？

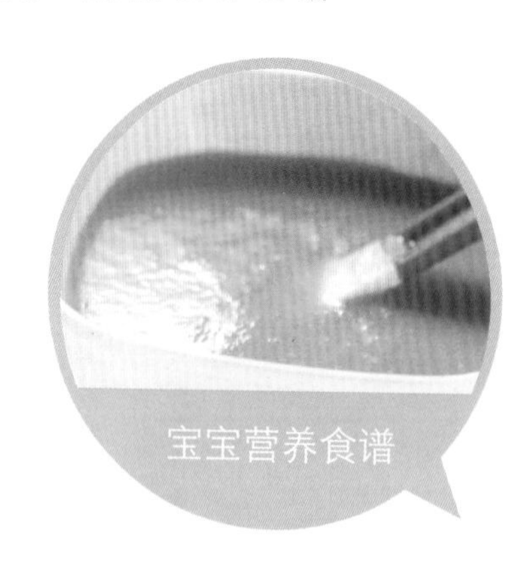


# 饮食指导

宝宝在生长过程中，母乳或配方奶等乳制品所含的营养素渐渐不能满足其生长发育的需要了，在宝宝4个月左右的时候，妈妈可以开始为宝宝添加乳制品以外的其他食物，这些逐渐添加的食物就称为辅食。

4～12个月的宝宝，饮食上以奶为主，同时适当喂些各类食物，每天保证有水果、蔬菜、动物性食物。同时，每天的食物尽量不要重复，让宝宝保持旺盛的食欲。

给宝宝添加辅食要遵循如下六原则：

1

从少到多。让宝宝有一个适应过程，如添加蛋黄，宜从1/4个开始，5~7天后如无不良反应，可增加到1/3~1/2个， 以后逐渐增加到1个。

2

由稀到稠。刚开始给宝宝添加辅食时，最好以流食开始，逐渐再添加半流质食品，最后发展到固体食物。如果一开始就添加半固体或固体的食物，宝宝肯定会难以消化，导致腹泻。

3

由细到粗。宝宝食物的颗粒要细小，口感要嫩滑，因此菜泥、果泥、蒸蛋羹、鸡肉泥、猪肝泥等“泥”状食品是最合适的。另外，在宝宝快要长牙或正在长牙时，父母可把食物的颗粒逐渐做得粗大，这样有利于促进宝宝牙齿的生长，并锻炼宝宝的咀嚼能力。

4

由一种到多种。刚开始时，只能给宝宝吃一种与月龄相宜的辅食，或只是给宝宝试吃与品尝，待尝试1周左右，如果宝宝的消化情况良好，排便正常，再让宝宝尝试另一种，千万不能在短时间内一下子增加好几种。

5

按谷物、蔬菜、水果、动物肉食的顺序来添加。首先应添加谷类食物并可以适当地加入含铁的营养素（如婴儿含铁营养素米粉），其次添加蔬菜汁（泥），然后就是水果汁（泥），最后开始添加动物性的食物，如蛋羹、鱼、禽、畜肉泥或肉松等。

6

在宝宝健康、消化功能正常时逐步添加。另外，喂食辅食不宜在两次哺乳之间，否则增加了饮食次数，易引起宝宝抗拒。由于宝宝在饥饿时较容易接受新食物，在刚开始加辅食时，可以先喂辅食后喂奶， 待宝宝习惯了辅食之后，再先喂奶后加辅食，以保证其营养的需要。加喂辅食的同时，要观察宝宝大便，了解消化情况，若有腹泻等不良反应时可酌情减少或暂停辅食。

# 营养需求

随着宝宝的不断成长，他们所需要的营养成分和热量日渐增加，4个月大后必须添加辅食，让宝宝能摄取到均衡且充足的营养，这样有助于各方面的良好发育。这个时期宝宝的营养需求如下：

**热量**

这个时期的宝宝体重如果大幅度增加，80%的原因是摄取了过多的热量，如果宝宝很瘦小或发育很慢，很可能是热量摄取不足导致。

宝宝所需的热量开始大半从母乳或奶粉中摄取，后来逐渐转变为从固体食物中摄取。

**蛋白质**

肉、鸡、鱼以及豆腐里都含有优质蛋白质，可以把这些做成宝宝能吃的食物喂给宝宝，但一次不要太多，应给宝宝调剂着吃。

**脂肪**

含脂肪丰富的食物主要是食用油、肉类、蛋黄和坚果。相比较而言，畜肉含的脂肪比较丰富，但多数是饱和脂肪酸；家禽、鱼类的肉含脂肪比较少，但所含的不饱和脂肪酸很多，比较适合宝宝的需要。

**谷类和其他碳水化合物**

每天给宝宝吃2～8匙谷类食物，就能满足宝宝基本的维生素、矿物质及蛋白质需求。谷类食物中适合宝宝吃的有全谷类麦片、米片、粥或面条等。

**水分**

一般的宝宝每天每千克体重需要100~150毫升水。因为母乳中有比较充足的水分，母乳喂养的宝宝基本上不需要额外喂水；人工喂养的宝宝则需要在吃奶以外加喂养一定量的白开水，以防宝宝上火。

**维生素**

鱼肝油中富含维生素A；而维生素D可从母乳、蛋黄中获得，经常带宝宝到户外晒晒太阳，也有助于促使宝宝自己合成维生素D；各类水果中，尤其是苹果、橙子等含有丰富的维生素C。

**钙**

母乳、牛奶、鸡蛋、豆制品、海带、紫菜、虾皮、芝麻、海鱼、蔬菜等食物里含有丰富的钙，特别是母乳和牛奶，含钙量比其他食物要高出很多。

**铁**

由于这个时期宝宝储存的铁质已快要耗尽，需及时补充含铁质的食物。各种动物血、动物肝脏、瘦肉、鸡蛋、黑木耳、海带、紫菜、香菇、黄豆及绿豆蔬菜等食物里都含有比较丰富的铁，妈妈们可以根据宝宝的情况进行添加。

**锌**

动物肝脏、贝壳、鱼类、生蚝、瘦肉、坚果、蛋和豆类等食物里都含有丰富的锌。

其他微量元素由于各种食物中所含微量元素的种类和数量有很大的差别，妈妈们在给宝宝添加辅食的时候，一定要做到粗细粮结合，荤菜搭配，才能基本满足宝宝的需要。

# 5%糖水

## 保健解析

吃过多高蛋白、高热量、高糖分的食物，的确容易让孩子发胖，增加患儿童糖尿病的概率。但宝宝才 1 个多月，可以增加润肠的辅食来预防便秘，如加糖的菜水、橘子汁、红枣水、山楂水、番茄水等。

**原料** 纯净开水 100 毫升，白砂糖 5 克。

## 制作过程

1. 锅内水烧开，奶瓶、奶嘴、汤匙等分别用开水消毒。
2. 在奶瓶中加入白砂糖。
3. 缓缓倒入开水。
4. 拧紧瓶盖，注意手不要碰到奶嘴，然后轻轻摇匀，溶解后晾至微热。

## 更多食用建议

如果糖水浓度过高，容易造成宝宝腹泻、消化不良、食欲不振等现象，所以糖不能放多了。

# 鸡肝糊

## 保健解析

鸡肝含有丰富的蛋白质、钙、磷、铁、锌、维生素A、B族维生素，对促进宝宝正常生长发育、保护宝宝视力都具有重要意义。另外，鸡肝还含有丰富的维生素$B_2$和铁等物质，能增强宝宝的免疫功能。

**原料** 鸡肝1/4～1/2个，鸡骨汤（不加盐）3～5勺。

## 制作过程

1. 将鸡肝去鸡胆，清洗干净，放入水中煮。
2. 除去血水后再换水蒸10分钟。
3. 蒸好后，取出沥水，并剥去鸡肝外皮及筋膜，将鸡肝研碎。
4. 盛出少量没加盐的鸡骨汤，放入锅内。
5. 加入研碎的鸡肝，煮成糊状，即可食用。

## 更多食用建议

鸡肝研碎后，再用滤网滤过一遍，可以将鸡肝末加工得更加细腻，有助于消化。

# 「南瓜汁」

保健解析

南瓜所含的β－胡萝卜素，由人体吸收后可转化为维生素A。另外，南瓜含有丰富的维生素E，能帮助各种脑下垂体荷尔蒙的分泌正常，有利于宝宝的健康成长。

**原料：**南瓜100克。

制作过程

1. 南瓜去皮，切成小丁蒸熟，然后用勺压烂成泥。
2. 在南瓜泥中加适量开水稀释调匀后，放在干净的细漏勺上过滤一下，取汁食用。

更多食用建议

宝宝的咀嚼和消化能力还比较弱，所以南瓜一定要蒸烂。妈妈也可以在南瓜汁中加入婴儿奶粉喂宝宝。

# 「鲜玉米糊」

保健解析

玉米富含钙、镁、硒、维生素E、维生素A、卵磷脂和18种氨基酸等营养物质，能提高人体免疫力，增强脑细胞活力，健康益智。

**原料：**新鲜玉米半根。

制作过程

1. 洗净，将玉米粒拨下来，加入少量清水，用榨汁机搅拌成浆。
2. 用干净纱布将玉米汁过滤出来，煮沸，成黏稠状即可。

更多食用建议

可以在玉米糊中加入适量的果汁或果泥，使营养更丰富全面。

## 「苹果胡萝卜泥」

### 保健解析

胡萝卜中富含β-胡萝卜素，可促进上皮组织生长，增强视网膜的感光力，是宝宝生长发育必不可少的营养素。

**原料：**胡萝卜1根，苹果1~2个。

### 制作过程

1. 将胡萝卜、苹果削皮洗净后切成丁，放入锅内加适量清水煮约10分钟至煮烂。
2. 用小勺将胡萝卜、苹果压烂，搅拌成泥即可。

### 更多食用建议

经常喝胡萝卜汁或吃胡萝卜泥，脸色会变黄，停一段时间后即可恢复正常。

## 「土豆泥」

### 保健解析

土豆含有多种维生素和微量元素，属于低能量食物，是宝宝理想的辅食。

**原料：**土豆1个。

### 制作过程

1. 将土豆去皮，洗净，切成2～4块，入笼蒸熟。也可放在电饭锅中和米饭一起煮熟。
2. 将煮熟的土豆放入宝宝碗中，用勺背压烂成泥。
3. 加少量水或母乳调匀即可食用。

### 更多食用建议

要挑选新鲜的、没有发芽的土豆给宝宝吃。把生土豆切成2~4份之后，要过水再洗一下，以免渗出的淀粉氧化，让土豆变色。

# 「山药蛋粥」

**保健解析。**

山药含有黏液质、胆碱、淀粉、糖、蛋白质、多种氨基酸、维生素C、多巴胺、钙、磷、铁等营养成分，能提高宝宝的免疫力。

**原料：**山药60克，鸡蛋1个，米粥1碗。

**制作过程**

1. 山药去皮，洗净，切成小块，煮熟；鸡蛋煮熟。
2. 山药研碎；鸡蛋剥壳，掏出蛋黄，与研碎的山药混合，一起放入粥中拌匀即可。

**更多食用建议**

由于山药有收涩的作用，因此大便燥结的宝宝不宜食用。

# 「芋头粥」

**保健解析。**

芋头粥能帮助宝宝润肠通便，还能提高宝宝的抗病毒能力。

**原料：**大米1小碗，芋头100克，牛奶50毫升。

**制作过程**

1. 将芋头去皮后洗干净，切成小块。
2. 将芋头块煮烂或蒸熟，用汤匙把芋头压成泥状。
3. 等锅内白粥煮沸后，倒入芋头泥，轻轻搅匀，再次煮开，慢慢倒入牛奶，拌匀煮开即可。

**更多食用建议**

芋头一定要煮熟，否则它的黏液会刺激宝宝的喉咙。

# 「苹果红薯糊」

这道辅食内含有碳水化合物、蛋白质、钙、磷以及多种维生素等营养物质，对宝宝的成长发育有利。

**原料：**红薯 50 克，苹果 50 克。

**制作过程**

1. 将红薯洗干净，去皮，切碎。
2. 将苹果洗净，去皮去核，切碎备用。
3. 将红薯块与苹果块一起放在锅内煮熟至软，用勺子背面压成糊，即可。

**更多食用建议**

由于宝宝的消化系统还未发育完善，因此妈妈在给宝宝做这道辅食的时候，一定要选熟透的苹果。

# 「胡萝卜牛奶汤」

胡萝卜营养丰富，牛奶富含钙质，这道辅食对宝宝的骨骼发育有利。

**原料：**胡萝卜 1 块，冲泡好的配方奶 1 杯。

**制作过程**

1. 胡萝卜洗净，去皮，放入开水中，煮至烂熟后研成泥。
2. 碗中放入胡萝卜泥，加入冲泡好的配方奶，搅拌均匀即可。

**更多食用建议**

这道辅食不宜高温蒸煮，因为牛奶中的蛋白质受高温作用，会由溶胶状态转变成凝胶状态，导致沉淀物出现，营养价值降低。

# 美味鱼糜粥

### 保健解析

青鱼富含谷氨酸、天冬氨酸、赖氨酸及多种不饱和脂肪酸。此外，青鱼含锌、硒比较丰富，能够维护细胞的稳定，增强宝宝的免疫功能。

主料 大米 150 克，鲜青鱼中段一截。
辅料 食用油、青菜各适量。

### 制作过程

1. 将大米淘洗干净，放入锅内，倒入清水用大火煮开，转小火熬至黏稠待用。
2. 选鱼肚上无小刺的肉，洗净，将大刺除去，剁成鱼末待用；青菜洗净，剁碎。
3. 将油倒入锅内，下入鱼肉末炒散，倒入米粥锅内，加入青菜碎末用小火再煮几分钟即可。

### 更多食用建议

粥一定要熬烂、发黏，鱼肉末煸炒入味后再与粥同熬，否则会有腥味。

# 蔬菜鱼肉粥

## 保健解析

鱼肉嫩嫩滑滑，既容易消化，又含有蛋白质等多种营养成分。每周吃上 2 ~ 3 次，对宝宝的大脑发育很有益处。

**主料** 净鱼肉 100 克，胡萝卜 1/5 根，米饭 1/4 碗。

**辅料** 食用油适量。

## 制作过程

1.把净鱼肉加适量清水熬至汤汁成乳白色。

2.胡萝卜用擦丝器擦成细丝。

3.将米饭、胡萝卜一起倒入鱼汤锅中同煮，至米饭、胡萝卜烂熟，汤汁快干时放入少量油调味即可。

## 更多食用建议

鱼刺一定要剔干净；宝宝吃的粥一定要煮烂。

# 「蔬菜米汤」

**保健解析**

胡萝卜富含多种人体必需的微量元素，能促进新陈代谢，帮助宝宝生长发育。

**原料：**大米50克，土豆1/2个，胡萝卜1/3根。

**制作过程**

1. 大米洗净并用水浸泡半小时。
2. 土豆和胡萝卜洗净，去皮，切成小块。
3. 把大米和蔬菜一起放入锅中，加适量水煮沸，然后改用小火煮熟，滤掉或撇出米和菜渣，只留米汤，晾温即可。

**更多食用建议**

做辅食用的土豆一定要新鲜，发芽或者坏掉的土豆都不能用。

# 「肉汤胡萝卜糊」

**保健解析**

胡萝卜含有植物纤维，吸水性强，在肠道中容易膨胀，是肠道中的“充盈物质”，可加强肠道的蠕动，宝宝食用，可有效预防便秘。

**原料：**鲜肉汤1碗，胡萝卜1/2根。

**制作过程**

1. 胡萝卜洗净之后切块，隔水蒸熟，然后用勺子压碎。
2. 肉汤倒入锅中，放入压碎的胡萝卜泥，用小火煮沸即可。

**更多食用建议**

煮时用小火，以免胡萝卜素流失过多。

# 玉米芋头粥

保健解析

玉米中丰富的蛋白质和核黄素能帮助宝宝的脑部发育。玉米加芋头一起煮成粥，不仅口感酥软，而且颜色明亮，可以大大提高宝宝的食欲。

**主料**：玉米粉 100 克，芋头 80 克。

**辅料**：食用油适量。

**制作过程**

1. 芋头去皮、洗净，切成小块，煮熟备用。
2. 玉米粉加入少量清水，倒入锅内，大火煮沸后改成小火。
3. 待煮至浓稠状后，倒入芋头泥，再放入食用油，煮沸调匀即可。

更多食用建议

芋头含有较多的淀粉，一次不宜吃得过多，否则会导致腹胀。

# 牛奶麦片粥

保健解析

麦片含有一定的钙和铁，与牛奶搭配，有双重的补钙效果。

**主料**：麦片 50 克，牛奶 50 克。

**辅料**：白糖适量。

**制作过程**

1. 锅中加水烧沸，放入麦片（一边搅一边往里倒，以免结块），煮 2 ~ 3 分钟。
2. 将牛奶加白糖调匀，边搅边倒入锅内，稍煮片刻即可。

更多食用建议

选择原味麦片，不要选择营养麦片(即那些加了铁钙质等营养物质的麦片)，以免与牛奶里的营养物质相克，影响宝宝吸收。

# 白玉豆腐

## 保健解析

豆腐的蛋白质含量非常丰富，而且属完全蛋白，同时，其中含有人体必需的8种氨基酸，而且比例接近人体需要，营养价值较高。

## 制作过程

1.用水将豆腐冲洗干净，并削去外层硬皮。
2.用汤匙将豆腐研碎，并加适量开水调匀，入锅蒸熟。
3.将蒸熟的豆腐装入宝宝碗中，并用勺背压成泥状即可。

**原料** 新鲜嫩豆腐 1/2 块。

## 更多食用建议

煮豆腐时要注意时间适当，否则蛋白质凝固了会不好消化。

# 青菜瘦肉粥

## 保健解析

猪肉含有丰富的优质蛋白质和必需脂肪酸，并能提供有机铁和促进铁吸收的半胱氨酸。相对于肥肉来说，瘦肉中含有更多优质蛋白，而脂肪、胆固醇较少，适宜宝宝食用。

**原料** 大米3～5勺，猪瘦肉1小块，油菜3～5片。

## 制作过程

1.将大米淘洗干净，放入锅里，倒入清水用大火煮开，改小火熬至黏稠，待用。
2.将猪瘦肉洗净，切碎成末。
3.在锅里加入适量的水，放入肉末用小火煨30～40分钟至肉熟烂。
4.将油菜洗净，用开水烫一下，切碎，与煮熟的肉末、粥一起煮沸即可。

## 更多食用建议

牛奶与猪瘦肉不适合同食，因为牛奶里含有大量的钙，而猪瘦肉里则含磷，这两种营养素不能同时吸收，医学界称之为磷钙相克。

# 「火腿土豆泥」

保健解析

土豆富含蛋白质、碳水化合物、膳食纤维等营养成分，可健脾胃、润肠道，多吃可增强机体解毒功能。

**主料：**土豆 100 克，熟瘦火腿 10 克。

**辅料：**黄油适量。

制作过程

1. 土豆去皮洗净，切成小块放入锅内，加入适量的水煮烂，用汤匙捣成泥状。
2. 将火腿去皮，切碎。
3. 把土豆泥盛入小盘内，加入火腿末和黄油，搅拌均匀即可。

更多食用建议

绿皮土豆的生物碱毒素很高，因此，不要食用绿皮土豆。

# 「瘦肉鸡蛋羹」

保健解析

这道羹含有蛋白质、铁等多种营养元素，可补中益气，很适合胃口不好、身体虚弱的宝宝食用。

**主料：**猪瘦肉 30 克，鸡蛋 1 个。

**辅料：**食用油适量。

制作过程

1. 猪瘦肉洗净剁烂，放入碗内，加入打散的鸡蛋拌匀。
2. 锅内热油，加入适量清水，倒入拌匀的蛋液，轻轻搅散，煮成蛋花即可。

更多食用建议

给宝宝喂食的鸡蛋量要适当，过多会使促红细胞生成素减少，容易引起缺铁性贫血。

# 「原味虾泥」

保健解析

虾富含钙质，对宝宝骨骼发育与牙齿的萌出大有裨益。

**主料：**大虾 5 只。

**辅料：**食用油适量。

**制作过程**

1. 将虾去头去皮，再去掉虾背、虾肚上的两条虾肠，然后用刀背打成泥。
2. 放少量水，淋上油，上锅蒸 10 分钟即可。

更多食用建议

从宝宝六七个月开始，可以试着给宝宝吃少量虾，如果没有过敏反应，8个月以后宝宝就可以吃虾了。

# 「美味蛋黄糊」

保健解析

蛋黄糊软烂适口，营养丰富，喂给宝宝吃，既可以为宝宝补充大脑营养，又能满足宝宝对铁质的需求。

**原料：**鸡蛋 1 个，猪瘦肉汤 1 小碗。

**制作过程**

1. 将鸡蛋洗净，放锅中煮熟，剥去蛋壳，除去蛋白，蛋黄备用。
2. 肉汤倒入锅中，加入开水少许，用小匙搅烂即成，也可将蛋黄泥用牛奶、米汤或菜水等调成糊状，即可食用。

更多食用建议

妈妈在制作时要注意：选择鲜蛋做原料；煮鸡蛋时要凉水下锅，这样不易煮裂开。

# 「山药鸡丁粥」

保健解析。

山药富含糖类、蛋白质、维生素C等营养成分以及多种微量元素，可增强宝宝的免疫功能。山药中的黏多糖与矿物质相结合可以形成骨质，使软骨具有一定弹性。

**原料：**鸡肉 1 块，山药 1 块，大米 5 勺。

**制作过程**

1. 山药去皮洗净后，切成丁状，放入开水中氽烫，取出备用。
2. 将大米浸泡 2 小时。
3. 将鸡肉洗净，切丁，与山药、泡好的大米一同放入锅中，煮至烂熟即可。

更多食用建议

如果宝宝尚未习惯吃丁状的肉食，也可以将鸡肉加工成末。

# 「板栗粥」

保健解析。

此道菜含有丰富的蛋白质、糖类及维生素$B_1$、维生素$B_2$、维生素C和烟酸等多种营养素。

**主料：**大米粥 1 小碗，板栗 3 颗。

**辅料：**盐少许。

**制作过程**

1. 将板栗剥去外皮和内膜后切碎。
2. 锅置火上，加入水，放入板栗煮熟后，再与大米粥混合同煮至熟。
3. 加入少许盐，使其具有淡淡的咸味，即可喂食。

更多食用建议

板栗难以消化，一次切忌食入过多。

# 鸡肉粥

保健解析

这道鸡肉粥含有丰富的蛋白质、碳水化合物、钙、磷、铁、B族维生素等多种营养素，可促进宝宝的智力发育和骨骼成长。

主料：大米40克，鸡肉末40克。

辅料：食用油适量。

制作过程

1. 大米淘洗干净，放入锅内，加入清水用大火煮开。
2. 油锅烧至七八成热，放入鸡肉末炒散，倒入米粥锅内，再用小火煮熟即可。

更多食用建议

粥要熬至发黏；鸡肉末炒入味后，再与粥同煮。

# 蒸肉豆腐

保健解析

豆腐含有丰富的植物蛋白质，与动物蛋白质相互补充，能很好地促进宝宝生长发育。

主料：豆腐1/2块，鸡胸脯肉1块。

辅料：香油、淀粉、青菜、葱末、盐各适量。

制作过程

1. 将豆腐洗净，放入锅内煮一下，沥去水分，研成泥，摊入抹过香油的小盘内。
2. 将鸡肉洗净，剁成细泥，放入碗内，加入淀粉，调至均匀有黏性，摊在豆腐上面。
3. 再把青菜和葱末撒在上面，用中火蒸12分钟至熟即可。

更多食用建议

妈妈应特别注意易引起婴儿过敏的食物，如牛奶、奶酪、鸡蛋、鱼、虾、土豆、玉米、小麦、黄豆及其制品(豆腐、豆油、豆浆)等。

# 土豆浓汤

## 保健解析

土豆含有谷类粮食所没有的胡萝卜素和抗坏血酸，营养成分全面，营养结构合理，且水分多、脂肪少、单位体积的热量相当低。

**主料** 土豆1个，茎块状的蔬菜（胡萝卜、香芋等）50克。

**辅料** 食用油、细葱丝各适量。

## 制作过程

1. 土豆和其他茎块状蔬菜分别去皮洗净，切成小丁。
2. 锅中放入半杯水，将切丁的材料放入锅中煮至熟烂。
3. 将土豆和蔬菜丁连汤一起用勺子压烂，调入食用油、葱丝，煮沸即可。

## 更多食用建议

炸薯条很香很诱人，但妈妈应尽量少给宝宝吃，因为炸薯条反复用高温加热，会产生聚合物，而且吃炸薯条容易增加脂肪的摄入量，对宝宝的身体不利。

# 红豆奶糊

### 保健解析

红豆含有蛋白质、脂肪、维生素 A、B 族维生素、维生素 C、植物皂素，以及铝、铜等微量元素，对宝宝的生长发育很有利。

主料 红豆 3 勺，椰子粉 2 勺，鲜奶 ( 或婴儿奶粉 )1 杯。

辅料 冰糖适量。

### 制作过程

1.将红豆洗净，在水中泡大约20分钟，用沸水煮约5分钟，再放入锅中焖约1小时，直到红豆熟烂为止。

2.将椰子粉在干锅里用微火炒至微黄，然后和冰糖一起放在焖软的红豆中。

3.与温热的牛奶搅拌均匀后即可食用。

### 更多食用建议

妈妈们大都喜欢吃红豆沙，宝宝也同样喜欢混合着椰奶香气的红豆奶糊，只是不要加太多的糖，不然会把宝宝的口味惯坏。

# 土豆奶粥

## 保健解析

土豆含有丰富的维生素及钙、钾等微量元素，且易于消化吸收，营养丰富，有利于宝宝的健康成长。

原料 土豆 1/4 个，冲泡好的奶粉 1/4 杯。

## 制作过程

1.将土豆煮熟后去皮，趁热研碎，用细孔筛子再滤一次，研成细腻的土豆泥。

2.将冲泡好的奶粉与土豆泥拌匀即成。

## 更多食用建议

土豆皮中含有较丰富的营养物质，因此，土豆去皮不宜厚，越薄越好。土豆去皮以后，如果一时不用，可以放入冷水中，再向水中滴几滴醋，可以使土豆洁白。

# 骨汤蔬菜米粉糊

## 保健解析

动物的骨头中含有多种对人体有营养、有滋补的物质。

主料 婴儿营养米粉 20 克，猪骨适量，菠菜或时令蔬菜适量。

辅料 葱段、姜各适量。

## 制作过程

1.猪骨洗净，用开水煮一下；菠菜或时令蔬菜洗净，在水中煮一下，捞出后切成碎末。

2.把猪骨和葱段、姜片一起放入砂锅中，像煲汤一样煮1~2小时。

3.盛出适量煮好的骨头汤，备用。

4.用凉至70℃的骨汤冲调米粉，并加入菜末拌匀即可。

## 更多食用建议

骨汤要把血水先煮掉；汤中千万不要加盐，因为米粉略甜，加盐口味就变了。

# 「银耳红枣米粉」

**保健解析**

银耳富含维生素D，能防止钙的流失，对生长发育十分有益；红枣含有维生素、生物素、胡萝卜素和磷、钾、镁等，有提高人体免疫力和防止贫血等作用。

**主料：**米粉 20 克。

**辅料：**银耳、糖、红枣各适量。

**制作过程**

1. 将红枣在水中煮 10 分钟，捞出后洗净去皮、去核。
2. 把枣肉在研磨碗中磨成枣泥；把银耳在水中泡发，洗净切成碎片。
3. 把米粉冲调好后，加入枣泥、银耳搅拌均匀即可。

**更多食用建议**

红枣皮一定要去干净，以免宝宝吃进去消化不良。

# 「鸡蓉玉米羹」

**保健解析**

玉米中的维生素含量非常高，为稻米、小麦的5~10倍。同时，玉米还含有大量碳水化合物、蛋白质、胡萝卜素、核黄素等，可防治宝宝便秘、肠炎。

**主料：**鸡肉 100 克，玉米半根。

**辅料：**盐、食用油、水淀粉各适量。

**制作过程**

1. 玉米剥成粒洗净；鸡肉洗净剁碎成蓉。
2. 将玉米粒加入水里烧开，放入鸡蓉，搅散。
3. 放水淀粉勾芡，煮开后加盐、油调味即可。

**更多食用建议**

玉米可碾碎，以便更适合宝宝的胃口。

# 「双色泥」

**保健解析**

番茄和香蕉都含有丰富的维生素，酸奶含有乳酸菌和多种酶，能促进消化吸收。宝宝食之可以补充维生素与钙质。

**主料：** 香蕉 50 克，番茄 30 克。

**辅料：** 酸奶适量。

**制作过程**

1. 将香蕉制成泥状。
2. 将番茄用开水烫一下，剥皮，碾碎。
3. 两种果泥混合后，倒入酸奶搅匀即可。

**更多食用建议**

酸奶虽营养丰富，但太小的宝宝肠胃不适，建议1岁以上的宝宝饮用。

# 「汤粥」

**保健解析**

粥除了富含碳水化合物以外，还含有大量的蛋白质、氨基酸、脂肪酸、多种维生素，以及钙、铁、磷、锌等矿物质，能很好地满足人体对营养的需求。

**原料：** 大米20克，汤（肉汤、菜汤、鸡架汤、鱼汤均可）120毫升。

**制作过程**

1. 把大米洗干净，用清水放在锅内泡 30 分钟。
2. 倒掉泡米水，锅中加入汤，用大火煮沸。
3. 再用小火煮 40 ~ 50 分钟即可。

**更多食用建议**

汤粥的汤不宜放太多盐，肉汤尽量去油再添加到粥里面。

# 青菜汁

### 保健解析

绿叶蔬菜中含有丰富的天然维生素、矿物质和叶酸，可以帮助宝宝消化吸收，调节宝宝的烦躁情绪，是宝宝生长发育必不可少的。

主料 青菜200克（菠菜、油菜、白菜均可）。
辅料 盐适量。

### 制作过程

1. 完整的青菜叶洗净，在水中浸泡20~30分钟后，取出切碎。
2. 将一碗水在锅中煮开，加入青菜碎煮沸1~2分钟。
3. 将锅离火，用汤匙挤压菜叶，使菜汁流入水中，加盐调味即可。

### 更多食用建议

制作时只取菜叶，不要带菜梗，菜叶要切碎、煮烂。菜汁应随煮随用，以免久放变质。这道菜适合4个月以上的宝宝食用，但注意放盐时，以能稍稍尝到咸味为度，因为较小的宝宝味觉还不够发达。

# 鲜柠檬汁

## 保健解析

柠檬含有丰富的维生素A、维生素B、维生素C、柠檬酸、黄酮类以及钙、磷、铁等营养物质，对宝宝的生长发育十分有益。柠檬还有健胃作用，能增加宝宝食欲，帮助消化吸收。

**主料** 鲜柠檬 1 个。

**辅料** 糖适量。

## 制作过程

1.将柠檬洗净，在沸水中浸渍15分钟。

2.将柠檬切薄片，放入煮沸消毒过的玻璃瓶内。

3.放一层柠檬片，铺一层糖，浸渍1周后即可用来泡开水喂给宝宝。

## 更多食用建议

柠檬酸性浓，所以胃酸分泌过多的人不宜食用；柠檬汁一定要兑开水后才可以给宝宝食用。

# 稀米粥

## 保健解析

大米中含有丰富的维生素$B_1$、维生素$B_2$、维生素E、烟酸及磷、钾、钙、铁等无机盐，还含有一定的碳水化合物及脂肪的营养素，具有益气、养胃的功效，有助于宝宝的消化和对脂肪的吸收。

**原料** 大米 30 克。

## 制作过程

1.取30克的大米（用手抓取一把大约30克），洗净，放进锅里。
2.往锅里加约3小碗水，中火煮沸以后改用小火熬。
3.把米粥熬得稀烂后即可。

## 更多食用建议

选用品质有保障的大米，同时淘洗次数不要太多，否则会损失很多大米表层的营养成分。

# 牛奶香蕉糊

## 保健解析

此糊含有丰富的蛋白质、糖、钾、磷、维生素A和维生素C等多种营养物质，还含有纤维素，是相当好的营养食品。

## 制作过程

1. 将香蕉去皮后，用勺子研碎。
2. 将牛奶倒入锅中，加入玉米面和糖，边煮边搅匀。
3. 煮好后，倒入研碎的香蕉中调匀即可。

主料 香蕉 2 根，牛奶 30 毫升。

辅料 玉米面、糖各适量。

## 更多食用建议

香蕉要选用熟透的，食用未熟透的香蕉，容易导致便秘。

# 红枣苹果汁

## 保健解析

红枣富含多种维生素、植物蛋白、矿物质等宝宝发育所必需的营养成分，而且含有增强记忆力的核酸及锌元素，对于宝宝智力发育有着特殊的功效。

**原料** 鲜红枣20颗，苹果1个。

## 制作过程

1.将新鲜红枣、苹果分别清洗干净，再用开水略烫，备用。

2.将红枣倒入炖锅中，加水用小火炖至烂透。

3.将苹果切半并去核，用小勺在苹果切面上将果肉刮出泥。

4.将苹果泥倒入锅中略煮，过滤后即可。

## 更多食用建议

红枣食用过量容易胀气，有损消化功效，所以要适度食用。

# 1~2岁宝宝营养辅食精选

1岁后的宝宝大多已经断奶，断奶后膳食结构发生了很大变化。饮食正从乳类为主转到以粮食、蔬菜、肉类为主食的阶段，宝宝的食物种类和烹调方法将逐渐过渡到与成人相同。作为爸爸妈妈，这时需要及时提高营养知识水平，力争帮助宝宝做到奶类、水果、蔬菜、禽蛋、谷类等良好地消化吸收，保证宝宝的健康和全面发展。

# 饮食指导

1 岁是宝宝从断奶到普通膳食阶段。此阶段宝宝的活动范围扩大，运动量加大，故体内所需的能量、各种营养素也增多。但宝宝的消化系统还未发育成熟，消化能力较弱，因而 1 岁半前的宝宝应以每日三餐两点为宜，1 岁半以后每日三餐一点为宜。

要避免给宝宝食用有刺激性、油腻、过硬、过粗、过大，以及油炸、黏性、甜腻的食物，少吃凉拌、过咸的食物。

应坚持每日给宝宝喝牛奶（或其他乳类食品），豆浆可与牛奶交替食用。这个时期的宝宝开始懂事，应注意培养他们良好的饮食习惯，注意饮食卫生。

13~17个月的宝宝，能吃的食物已经很多，但宝宝的臼齿还没长出来，因此饭菜要做得软烂一些，便于宝宝消化吸收。此阶段，宝宝的主食可以是粥、软饭、面条、包子、饺子等，还应吃些新鲜蔬菜、鱼、肉、蛋、水果、动物内脏和豆制品。同时，每天应保证摄入500毫升的牛奶。宝宝的饮食中要包含碳水化合物、脂肪、蛋白质、维生素、无机盐和水六大营养素。合理搭配饮食的同时，还要注意培养宝宝的饮食习惯，让宝宝学会不挑食、不偏食。

18～24个月的宝宝处于从以牛奶或常规化食物为主的膳食向更加成人化的膳食过渡的时期。这个阶段宝宝的喂食要满足维生素E和铁的需要量，强调以铁强化食品和其他强化谷类作为营养素的主要来源之一。增加既好看又有黏性的食物种类，来增强宝宝对固体食物的信心。通常每天需要4～6次少量的进餐。可以开始给宝宝吃一些高纤维的碳水化合物，比如土豆、黑米等。尽量给宝宝吃全脂食品，宝宝至少在2岁以前都不宜喝低脂牛奶。

# 营养需求

1～2岁的宝宝大约每天需要1000卡（1卡=4.1868焦耳，下同）的热量才能满足生长发育，以及保证旺盛的精力和良好的营养。父母要学会了解各种食物的热量，并计算、搭配好宝宝每天需要的食物。可以把宝宝一天的食物分成三小餐和两次零食，这样就更加精细且便于操作了。因此，妈妈们更要特别地设计宝宝的食谱，尽量做到多样化，这样才能满足宝宝身体发育所需。

保证宝宝基本营养成分由以下4种食物组成：

1.肉、鱼、禽、蛋。这些食物中含有大量优质蛋白，可以用饨汤，或做成肉末、鱼丸、豆腐、鸡蛋羹等容易消化的食物喂宝宝。1～2岁的宝宝每天应吃肉类40～50克，豆制品25～50克，鸡蛋1个。

2.奶制品。牛奶中营养丰富，特别是富含钙质，利于宝宝吸收，因此这一时期牛奶仍是宝宝不可缺少的食物，每天应保证摄入250～500毫升。

3.水果和蔬菜。宝宝每天营养的主要来源之一就是蔬菜，特别是橙绿色蔬菜，如番茄、胡萝卜、油菜、柿子椒等。可以把这些蔬菜加工成细碎软烂的菜末炒熟调味，给宝宝拌在饭里喂食。要注意水果也应该给宝宝吃，但是水果不能代替蔬菜，1～2岁的宝宝每天应吃蔬菜、水果共150～250克。

4.谷类、马铃薯、大米、面包、面食。粗粮细粮都要吃，可以避免维生素$B_1$缺乏症。主食可以吃软米饭、粥、小馒头、小馄饨、小饺子、小包子等，吃得不太多也没有关系，每天的摄入量在150克左右即可。

此外，妈妈在给宝宝设计菜单时要记住，胆固醇和其他脂肪对宝宝的生长发育非常重要，所以在这个时期不应该限制，而要适当摄取。

大多数家长只重视宝宝对蛋白质、脂肪和糖的摄入，而忽视了维生素对宝宝大脑的发育及与智力的影响。新鲜蔬菜含有宝宝大脑正常发育所需要的大量B族维生素和维生素E，这些营养物质不但质量高，而且容易被吸收和利用。因此，家长们在补充足量肉类的同时，应尽量让宝宝多吃新鲜蔬菜。

# 草莓牛奶燕麦粥

## 保健解析

草莓营养丰富，含有果糖、蔗糖、柠檬酸、苹果酸、水杨酸、氨基酸以及钙、磷、铁等矿物质。此外，它还含有多种维生素，尤其是维生素C、膳食纤维含量非常丰富，可明目养肝和帮助消化。

主料 全脂牛奶100毫升，即食燕麦片2汤匙。

辅料 草莓果酱适量。

## 制作过程

1. 将牛奶倒入小锅中，再加入燕麦片及草莓果酱。
2. 搅匀后，以小火加热，不需煮开，到牛奶温热即可。
3. 离火放凉，麦片完全软化后，即食。

## 更多食用建议

加草莓果酱是为了增加香气及甜味，也可以用新鲜的水果代替，但水果要等燕麦粥快熟时再加入，以免破坏维生素C。

# 牛奶西兰花

## 保健解析

西兰花富含维生素C、胡萝卜素、硒、维生素K等多种具有生物活性的物质。西兰花性凉，味甘，可补肾填精，健脑壮肾，补脾和胃。

**原料** 西兰花 50 克，牛奶 30 毫升。

## 制作过程

1.西兰花清洗干净，放入开水中烫软。

2.将西兰花沥干，切成小朵。

3.将西兰花朵放入小碗中，再倒入准备好的牛奶，拌匀即可。

## 更多食用建议

西兰花煮后颜色会变得更加鲜艳，但要注意的是，在烫西兰花时，时间不宜太长，否则失去脆感，拌出的菜也会大打折扣。

# 小米山药粥

## 保健解析

山药性平、味甘。其块茎富含多种必需氨基酸、蛋白质、淀粉，以及尿囊素、胆碱、纤维素、脂肪、维生素A、维生素$B_2$、维生素C、钙、磷、铁、碘等，可提供人体多种必需的营养。

主料 山药 40 克（鲜品约 100 克），小米 50 克。

辅料 糖适量。

## 制作过程

1.将山药洗净捣碎或切片，待用；小米淘洗干净。

2.将山药、小米放入锅中，加适量清水，用大火烧沸，转小火煮约半小时，至粥稠软烂。

3.熟后加糖适量调匀，即可食用。

## 更多食用建议

空腹食用为佳。能健脾止泻，消食导滞。适用于小儿脾胃虚弱、消化不良、乳食积滞、不思乳食、大便稀溏等症。

# 莲藕酥汁丸

## 保健解析

莲藕味甘，富含淀粉、蛋白质、维生素C、维生素$B_1$以及钙、磷、铁等无机盐。莲藕易于消化，适宜宝宝食用，和肉末搭配，味道更佳，营养也更丰富。

**主料** 藕末 30 克，肉末 10 克，肉汤适量。

**辅料** 盐、淀粉各适量。

## 制作过程

1.藕末、肉末混匀，加适量盐，拌入肉汤搅拌均匀。

2.将拌好的馅捏成数个小丸子，沾上淀粉，整齐地码放到盘子里，然后上锅蒸熟即可。

## 更多食用建议

因莲藕容易变黑，切面部分容易腐烂，所以切过的莲藕要在切口处覆以保鲜膜，可冷藏保鲜一个星期左右。

# 菠菜粥

## 保健解析

菠菜中含有大量的β-胡萝卜素和铁，也是维生素$B_6$、叶酸、铁和钾的极佳来源。其中丰富的铁对缺铁性贫血有改善作用。

主料 菠菜、粳米各250克。

辅料 盐适量。

## 制作过程

1. 大米洗净，浸泡30分钟；菠菜洗净，放入沸水稍焯，切段待用。
2. 锅中注入适量清水，加入大米以大火煮沸，转小火慢熬成粥。
3. 粥成时加入菠菜，熬煮片刻即可熄火，加盐调味即可。

## 更多食用建议

生菠菜不宜与豆腐共煮，以免影响消化。

# 火腿胡萝卜土豆丸

### 保健解析

火腿含有丰富的蛋白质、适度的脂肪，以及多种氨基酸、多种维生素和矿物质，适当食用对宝宝的身体有益。

**主料** 土豆1个，火腿、胡萝卜各30克。

**辅料** 生粉、盐、食用油各适量。

### 制作过程

1.土豆洗净，加清水煮熟后，去皮，趁热压成土豆泥；胡萝卜洗净去皮，用开水烫一下，然后切碎；火腿切碎。

2.在土豆泥中加入胡萝卜末、火腿末和盐搅拌均匀，做成丸子状，表面均匀裹上生粉。

3.平底锅烧热下油，放入土豆丸，用小火煎至两面微微发黄即可。

### 更多食用建议

妈妈们要注意，品质较好的火腿，外观呈黄褐色或红棕色，用指压肉时会感到坚实，表面干燥，在梅雨季节也不会有发黏和变色等现象。

# 苋菜小鱼粥

## 保健解析

银鱼味甘性平，富含蛋白质、脂肪、钙、磷、铁、维生素$B_1$、维生素$B_2$和烟酸等成分，可治脾胃虚弱，肺虚咳嗽，虚劳诸疾。苋菜富含蛋白质、脂肪、糖类以及多种维生素和矿物质，其所含蛋白质比牛奶更易吸收。

**主料** 稠粥1碗，苋菜25克，小银鱼100克。

**辅料** 盐适量。

## 制作过程

1.苋菜洗净，焯熟捞出，过冷沥干，切段待用；小银鱼泡水，洗净备用。

2.煮沸稠粥，加入小银鱼煮熟。

3.加入苋菜段、盐，调拌均匀，出锅装碗即可。

## 更多食用建议

苋菜烹调时间不宜过长，以免营养流失，且破坏菜相。

# 彩色豆腐

## 保健解析

豆腐营养丰富，不仅含有丰富的蛋白质、膳食纤维，还含有维生素A、维生素C、维生素$B_1$、维生素$B_{12}$等，并富含钙、磷、铁、锌、镁等矿物质元素，是宝宝生长发育的重要食物。

**主料** 嫩豆腐150克，鸡蛋1个，圆椒1个，番茄25克，火腿50克，黑木耳适量。

**辅料** 葱花、淀粉、盐、猪油各适量。

## 制作过程

1.将嫩豆腐切成小方块，在开水里滚过；火腿切成小段；番茄、圆椒洗净切成丁；黑木耳泡开洗净，摘成小片。

2.鸡蛋磕破后倒入长方盘内，打散上锅蒸熟，切成小方块。

3.锅内注入清水适量，待水滚后把上述原料放入锅内，以淀粉勾芡，然后加盐、猪油、葱花即可。

## 更多食用建议

妈妈在为宝宝准备此菜时，让宝宝食用50克左右即可。还可以将豆腐做成凉拌的，一样很好吃。

# 菠菜瘦肉粥

## 保健解析

猪肉加菠菜，既能补充蛋白质，又能添加维生素。两者都含有丰富的优质蛋白质、矿物质、维生素等营养素，宝宝常吃可预防贫血。

主料 菠菜100克，猪肉60克，白粥1小碗。

辅料 食用油、盐各适量。

## 制作过程

1.菠菜洗干净，切成小段；猪肉洗净后切成小片。
2.待锅内白粥煮开后，放入猪肉，稍煮至肉变色。
3.加入菠菜，煮熟后放油、盐，煮开即可。

## 更多食用建议

绿色蔬菜很容易有农药污染，因此，在煮之前一定要用淡盐水泡洗干净。

# 虾肉小馄饨

## 保健解析

虾肉中含有丰富的脑磷脂和胆固醇，它们是构成大脑神经组织的必需物质，对宝宝的智力发育很有帮助。

**主料** 河虾15只，猪腿肉30克，鸡蛋1个，小馄饨皮10张。

**辅料** 盐适量。

## 制作过程

1.将河虾在开水中烫熟，剥出虾肉。

2.猪腿肉绞碎，和虾肉一起拌匀，加盐，打入鸡蛋，再拌匀。

3.将馅料用小馄饨皮包裹，煮熟即可。

## 更多食用建议

剥虾肉的时候，注意不要中间黑色的虾线，那部分是苦的，只要干净的虾肉即可。

# 空心菜蛋汤

保健解析

空心菜含有丰富的维生素C和胡萝卜素，其维生素含量高于大白菜，这些物质有助于增强体质，防病抗病。宝宝食用空心菜，可以提高身体免疫力。

**主料：**空心菜 100 克，鸡蛋 1 个。

**辅料：**食用油、盐各适量。

制作过程

1. 适量清水入锅烧开。
2. 放入切碎的空心菜，接着打入鸡蛋，用筷子将鸡蛋搅出蛋花，煮开后放入盐即可。

更多食用建议

空心菜配以鸭蛋、鱼类，或配以豆腐、千张之类的豆制品，也能做出众多美味佳肴。

# 芹菜粥

保健解析

芹菜的叶、茎含有挥发性物质，可增强人的食欲，同时它的含铁量也很高，是宝宝补血的佳蔬，食之还能消除烦躁。

**主料：**大米 100 克，芹菜 150 克。

**辅料：**食用油、盐各适量。

制作过程

1. 大米洗净，浸泡30分钟；芹菜洗净，切粒待用。
2. 锅内注入足量清水，加入大米、芹菜共煮成粥。
3. 加盐调味，熄火装碗即可。

更多食用建议

西芹焯烫再炒，可缩短炒菜时间，减少油脂对蔬菜的不利影响。

# 芝麻花生糊

保健解析

黑芝麻含有的铁和维生素E是预防贫血、活化脑细胞、消除血管胆固醇的重要物质。

**主料**：黑芝麻20克，花生仁20克。

**辅料**：白糖适量。

**制作过程**

1. 将芝麻、花生仁洗净，炒熟后研成粉末。
2. 将两者混合，加入开水100毫升，调成糊状，再加入白糖调味即可。

**更多食用建议**

除了在黑芝麻中加入花生，还可以加入薏米、燕麦、黑豆、黄豆、红枣、莲子粉等，做成内容丰富的营养黑芝麻糊。

# 蟹柳豆腐粥

保健解析

豆腐富含钙、铁、磷、镁等人体必需的微量元素，同时蛋白质、植物油、糖类的含量也相当丰富，素有“植物肉”之称。两小块豆腐，可以满足宝宝1天的钙摄入量。

**主料**：白米饭1碗，蟹柳50克，豆腐100克，高汤1000毫升。

**辅料**：盐、姜末各适量。

**制作过程**

1. 蟹柳洗净切段；豆腐切块待用。
2. 烧开足量高汤，加入姜末略煮片刻，再放入白米饭、豆腐、盐煮20分钟。
3. 加入蟹柳拌煮5分钟，即可装碗。

**更多食用建议**

“千炖豆腐，万炖鱼”，豆腐只有小火慢炖才能入味，脾胃虚寒及过敏体质的宝宝忌食螃蟹。

# 香蕉糯米粥

保健解析

香蕉含有大量的钾和维生素C，有助肠胃蠕动，有助消化、预防便秘的作用，还能提高宝宝的免疫力。

## 制作过程

1. 香蕉去皮，切成丁；糯米淘洗干净。
2. 将糯米放入开水锅中烧开，加入去了皮的香蕉丁和冰糖，熬成粥即可。

主料 香蕉 300 克，糯米 100 克。
辅料 冰糖适量。

## 更多食用建议

香蕉最好不要跟糯米一起下锅，这样香蕉容易变黑，待粥煮熟后，再放香蕉，香蕉的颜色以及香味会让宝宝更有食欲!

# 肉末豆腐羹

## 保健解析

黑木耳和黄花菜含钙丰富，对于刚开始学步的宝宝来说，是十分有益的。

**主料** 豆腐、肉末、水发黑木耳、水发黄花菜各适量。

**辅料** 食用油、香油、酱油、生粉、葱末、汤各适量。

## 制作过程

1.将豆腐切成1厘米见方的小丁，用开水烫一下，捞出用凉水过凉待用；水发黑木耳和黄花菜择洗干净，切成小碎丁。

2.将汤倒入锅内，加入肉末、黄花菜丁、黑木耳、豆腐丁、酱油，煮沸至豆腐浮于汤面时，淋上生粉、香油，撒入葱末即可。

## 更多食用建议

放肉末时，不要等汤开了才下锅，以免把肉末搅散。

# 鱼松粥

## 保健解析

鱼松富含B族维生素、烟酸以及多种必需氨基酸，其可溶性蛋白多，脂肪熔点低，极易被人体消化和吸收，对宝宝极有益处。

主料 大米 50 克，鱼松 30 克，菠菜 20 克。

辅料 盐、清水各适量。

## 制作过程

1.大米洗净，浸泡30分钟；菠菜洗净，稍烫切碎。

2.锅中注入足量清水，加入大米以大火煮开，改小火熬至黏稠。

3.加入菠菜碎、鱼松拌煮片刻，加盐调匀，再用小火熬几分钟即可。

## 更多食用建议

鱼松中氟化物含量较高，长期食用易导致氟化物积蓄，引起氟斑牙和氟骨症。因此，宝宝可以适量吃鱼松，但是不能把它当作营养补充品长期食用，更不能成为宝宝摄取鱼肉的唯一来源。

# 香蕉土豆泥

## 保健解析

香蕉含有多种人体所需的有效成分，可食部分富含水分、蛋白质、膳食纤维、胡萝卜素、各种维生素，以及钙、磷、铁、锌等多种矿物质，对宝宝的健康成长有很好的作用。

**主料** 香蕉1个，土豆1个，圣女果4颗。

**辅料** 蜂蜜适量。

## 制作过程

1.香蕉去皮，用汤匙捣碎；土豆洗净去皮。

2.将土豆放入电饭锅蒸至熟软，取出压成泥状，放凉备用。

3.将香蕉泥与土豆泥混合，摆上圣女果，淋上蜂蜜即可。

## 更多食用建议

香蕉营养丰富，松软可口，易于被消化、吸收，妈妈可以将香蕉作为宝宝日常的水果餐进食，常食香蕉可以让宝宝保有一颗快乐的心。

# 香浓红豆粥

## 保健解析

红豆含有丰富的淀粉、蛋白质、碳水化合物、赖氨酸及各种矿物质等，食之能强健筋骨，增强体力。

主料 大米 50 克，红豆 15 克。

辅料 红糖、桂花各适量。

## 制作过程

1.将红豆与大米分别淘洗干净。

2.将红豆放入锅内，加入适量清水，烧开并煮至烂熟，再加入水与大米一起煮。

3.用大火烧沸后，转用小火，煮至黏稠为止。

4.加入适量红糖，烧开盛入碗内，撒上少许桂花即成。

## 更多食用建议

先将红豆用温水泡4个小时，使红豆充分泡开，然后再上火熬，粥成后继续焖10分钟，这样做出来的红豆粥非常柔软，而且红豆的香味也可以焖出来。

# 小米豌豆粥

## 保健解析

豌豆富含蛋白质、胡萝卜素、粗纤维。吃豌豆可以提高机体的抗病能力、促进肠道蠕动、保持大便通畅，起到清洁大肠的作用。

**主料** 小米 50 克，豌豆 40 克。

**辅料** 高汤、盐各适量。

## 制作过程

1.豌豆洗净，小米洗净。

2.锅置火上，倒入高汤煮开，放入豌豆，用大火煮沸后再转小火略煮片刻，将豌豆捞起备用。

3.小米下入沸水中煮开，加入豌豆煮熟，用盐调味即可。

## 更多食用建议

豌豆粒多食会发生腹胀，故不宜长期大量食用。豌豆适合与富含氨基酸的食物一起烹调，可以明显提高豌豆的营养价值。

# 南瓜面线

## 保健解析

面粉中富含的钙对宝宝的生长发育有着重要的影响，其可补中益气、实五脏、厚肠胃，功效不亚于粳米。

**原料** 面条 50 克，新鲜南瓜 20 克。

## 制作过程

1.南瓜洗净去皮、去籽，然后切成小块煮熟备用。
2.锅内加水煮开，将面线放入煮至八成熟。
3.倒入南瓜，一边煮一边搅拌，以免糊底，煮开就可以熄火了。

## 更多食用建议

有的面条是含盐的，因此就不要再放盐了，妈妈要仔细看准面条包装上的说明。

# 蔬菜蛋卷

## 保健解析

菠菜含有丰富的铁钙和纤维物质，是宝宝理想的营养食品。鸡蛋富含蛋白质、铁等多种营养元素，对宝宝的身体发育有益。

## 制作过程

1.胡萝卜洗净去皮切成细丝，菠菜洗净切成长段，分别放入开水中，煮熟后捞出。
2.鸡蛋液搅匀，入油锅摊成薄薄的蛋皮。
3.将蛋皮切成方形的块，铺上胡萝卜丝、菠菜段，卷起来即可。

**主料** 胡萝卜1根，菠菜60克，鸡蛋1个。
**辅料** 食用油适量。

## 更多食用建议

宝宝发烧的时候不宜吃鸡蛋。因为鸡蛋中的蛋白质为完全蛋白质，进入机体可分解产生较多的额外热量，不利于退烧散热。

# 香菇鸡粥

## 保健解析

香菇具有高蛋白、低脂肪、多糖、多氨基酸和多维生素的特点，富含碳水化合物、蛋白质、脂肪、烟酸、维生素$B_2$、磷、钙、铁、锌等营养物质，对宝宝的身体极为有益。

主料 大米50克，鸡胸肉50克，香菇2朵，青菜2棵。

辅料 食用油、葱、酱油各适量。

## 制作过程

1.将大米淘净；香菇洗净，用温水泡软剁碎；鸡胸肉洗净剁成泥状；青菜、葱洗净切碎。

2.油锅热后，加入葱花、鸡胸肉、香菇末翻炒，滴入少许酱油炒入味。

3.把洗净的大米下入锅中翻炒数下，使之均匀地与香菇、鸡肉等混合。

4.加入适量清水，加盖熬成粥，熟后再放入碎青菜煮熟即可。

## 更多食用建议

给宝宝吃的鸡肉一定要去掉皮，以免因油脂太多而引起宝宝腹泻。

# 虾皮豆腐蛋羹

## 保健解析

虾皮和豆腐都是高钙食品，可以为宝宝提供丰富的钙质。另外，豆腐还可以为宝宝提供蛋白质等其他营养物质。

主料 虾皮 15 克，豆腐 50 克，鸡蛋 1 个。
辅料 葱末、盐、清水各适量。

## 制作过程

1.豆腐捣成泥，虾皮洗净剁碎。
2.鸡蛋打匀，放少量葱花、盐、适量清水调匀。
3.放入豆腐和虾皮，上笼蒸15分钟即可。

## 更多食用建议

豆腐性偏寒，如果宝宝正患腹泻，注意让宝宝少吃或不吃豆腐。

# 燕麦蛋奶粥

保健解析

燕麦中富含蛋白质、B族维生素、维生素E、钙及丰富的纤维素，有助于生长发育和骨骼的健全。对容易便秘的宝宝，燕麦还可帮助其肠胃蠕动和清洁。

**主料：**牛奶 250 毫升，鸡蛋 1 个，燕麦 60 克。

**辅料：**白糖少量。

## 制作过程

1. 锅内放适量清水，煮沸后打入鸡蛋。
2. 鸡蛋煮成形时，放入燕麦，煮至软熟。
3. 加入牛奶，煮开，放入白糖即可。

### 更多食用建议

煮麦片的时候要少放一点糖。

# 香蔬海鲜粥

保健解析

虾仁是蛋白质、矿物质、维生素等人体必需营养的良好来源，能增强记忆力，补充脑部发育所需的营养。

**主料：**稠白粥 100 克，鲜鱼肉片 30 克，小油菜 30 克，虾仁 3 只。

**辅料：**高汤、盐、醋各适量。

## 制作过程

1. 小油菜洗净，切成小段；鱼肉片、虾仁洗净，把虾仁切成丁备用。
2. 锅中下高汤烧开，放入小油菜、鱼片、虾仁、醋，煮至将熟时，加入稠白粥拌匀，煮至熟烂后调入盐即可。

### 更多食用建议

在粥里放少量的醋，可以去除鱼片的腥味，使粥更加美味。

# 「南瓜红薯玉米粥」

**保健解析**

每100克玉米能提供近300毫克的钙，几乎与乳制品中所含的钙差不多，宝宝食之能促进骨骼发育。

**主料：**红薯丁、南瓜丁、玉米面各适量。

**辅料：**红糖适量。

**制作过程**

1. 将玉米面用冷水调匀，红薯丁和南瓜丁洗净备用。
2. 将调好的玉米面与红薯丁、南瓜丁一起倒入锅中，直至煮烂，呈黏稠状。
3. 吃时根据口味加入红糖调味即可。

**更多食用建议**

此粥润肺利尿、养胃，但不宜与牡蛎同食，否则会阻碍锌的吸收。

# 「蛋皮如意卷」

**保健解析**

鸡蛋是一种营养丰富的食品，鸡蛋蛋白质的氨基酸比例很适合人体生理需要、易为机体吸收，利用率高达98%以上，营养价值很高。

**主料：**鸡蛋1个，鲜虾仁5克，豆腐50克。

**辅料：**葱末、湿生粉、食用油、盐各适量。

**制作过程**

1. 鸡蛋磕入碗内打匀，入锅用少许油摊成蛋皮；虾仁处理干净，切碎；豆腐洗净，捣成泥状。
2. 豆腐泥、虾仁末、葱末混合，加少许油、盐、湿生粉搅匀，然后放在摊开的蛋皮上，分别由两边卷至中间，相接处抹生粉糊粘牢，装盘上火蒸熟，切小段即可。

**更多食用建议**

煎鸡蛋要用小火，特别是油少的情况下，以免煎煳。

# 「牛奶花生糊」

保健解析

花生中蛋白质含量高达30%，其营养价值可与动物性食品如鸡蛋、牛奶、瘦肉媲美，并且更易于被吸收利用。黑芝麻富含维生素、钙、铁、锌等，是婴儿发育的主要能源。

**主料**：黑芝麻、花生、大米各 20 克。

**辅料**：牛奶、糖各适量。

## 制作过程

1. 黑芝麻、花生炒熟后研成粉末。
2. 大米洗净后浸泡 1 小时，入锅加水焖煮。
3. 大米煮烂时，加入牛奶、花生芝麻粉搅匀，继续煮 15 分钟，加少量糖调味即可。

更多食用建议

花生含大量的脂肪，消化不良的宝宝不适宜食用。便溏腹泻的宝宝也不适宜食用此糊。

# 「清香鲈鱼粥」

保健解析

鱼类是宝宝补充蛋白质的重要来源，对宝宝的大脑发育很有帮助，有增强智力、促进成长的作用。

**主料**：大米 100 克，鲈鱼 1 条。

**辅料**：高汤 2 杯，葱、盐、食用油各适量。

## 制作过程

1. 鲈鱼处理干净，抹上少许油整条蒸熟，去大骨，剔除鱼刺，取适量净鱼肉切碎。
2. 大米淘洗干净，加入高汤，小火慢熬成粥，把鱼肉拌入粥中，调入少许盐、葱，再熬5分钟即成。

更多食用建议

鲈鱼最好多蒸一会儿，不然鱼肉里的刺不容易剔除。

# 2~3 岁宝宝食物多样化营养餐

随着宝宝的慢慢长大，爸爸妈妈们开始发愁宝宝吃饭的问题了。2~3岁这个时间段，正是宝宝的智力发展的关键时期，妈妈一定要注意培养宝宝良好的饮食习惯，让宝宝多接触各种各样的食物，习惯于各种口味。以免养成挑食、偏食的坏习惯，从而影响身体对全面均衡营养的吸收。

# 饮食指导

2～3岁的宝宝，已经出齐了20颗乳牙，咀嚼能力大大增强，可以直接吃许多食物了，如馒头、面条、饺子、鱼肉等。但是根据营养专家的研究，6岁儿童的咀嚼能力只能达到成人的40%，10岁也只能达到成人的75%。因此，在制作宝宝食物方面还需要给予特殊的照顾，此时，一些较硬的食物最好不要给宝宝食用。有些食物还需要为宝宝单独做，如米饭要焖软点，肉要切碎点、炖烂点，千万别图省事而造成宝宝营养不良。

此阶段，宝宝的饮食应遵循如下原则：

荤素搭配，荤食和素食的营养成分不尽相同，两样一起搭配，便能达到互补作用。

多样少量，丰富的食物品种一方面可让宝宝获得全面性的营养，另一方面菜式变化的新鲜感也能刺激宝宝的食欲。

这个时期的宝宝活动能力已经相当大，所需要的热量同幼儿早期相对要增多，每天所需要的热量为1200～1500千卡。为了保证宝宝每天能够获得充足的热量，需要科学地安排好日常饮食。每天需要补充主食150～180克、蛋白质40～50克、脂肪30～50克、牛奶400毫升、新鲜蔬菜200～250克以及水果150～200克。如果宝宝每次的进餐量达不到以上要求，而活动量又比较大，就需要在主餐之外再补充点心，如饼干、糕点等。

但是宝宝吃多少才算是补充了足够的营养呢？这里教大家一个小方法：用几天的时间，仔细观察宝宝的日均进食量，只要宝宝的饮食在平均值附近，重量增长正常，就说明宝宝的生长发育是正常的，不用为宝宝某些天吃不好而担心着急，过两天，他自己就会多吃补回来。

宝宝的神经髓鞘形成不完全，容易兴奋，吃饭时如果受到外界因素的干扰，便会停止吃饭，去做别的活动。因此，刚断奶的孩子吃饭时，周围环境应整洁、安静，使孩子感到进食愉快，注意力集中，按时把饭吃完。有的父母怕宝宝不好好吃饭，便用玩具或讲故事哄着吃，这样做不但不能养成良好的饮食习惯，反而会影响宝宝的消化吸收。

# 营养需求

2～3岁的宝宝正处于生长发育的重要阶段，大脑皮质的功能正在进一步的完善，语言表达能力也逐渐丰富起来。这个时期宝宝的食物构成逐渐由半固体过渡到固体，最后到家庭食物，并经历由奶类制品到辅食逐渐替代母乳的过渡时期。

在这个时期，如果父母不重视营养供应或喂养不合理的话，往往会导致宝宝们的体重不增长或少增长，甚至发生营养不良的情况。比如，生长发育迟缓或者缺铁性贫血、佝偻病、维生素A缺乏等症状。为了满足生长发育的需要，这个时期的宝宝应当增加各种营养素的摄入量。

要促进宝宝脑部的全面发育，使宝宝机智又灵巧，必须大脑、小脑双管齐下。全面补充藻类DHA、ARA、胆碱、叶黄素等益脑营养素，不但对宝宝大脑发育、促进宝宝视觉能力、记忆力、注意力的提升有明显帮助，而且还能促进小脑发育，改善宝宝小脑神经元的生长，有效提升宝宝大脑和小脑神经元传导的效能。

为宝宝做智能营养餐时，家长特别注意宝宝的饮食。最近发现一些化学元素，能深远地影响宝宝智能的提升，其中最值得注意的是三种：硼、铁、锌。

微量的硼可以提升智能：一般的干果、豆类、绿色蔬菜，以及苹果、梨、桃子、葡萄等水果均含有。

铁对脑电波的影响：大脑的滋养以氧气供应最为重要，氧气供应愈充足，大脑智能愈易提高。大脑细胞的氧气供应主要靠红细胞通过大脑动脉运输。运载氧气的红细胞成分是血红素，而血红素的主要成分是铁。含铁的食物包括深绿色的蔬菜、肝、有壳的海鲜、红色的瘦肉（猪肉、牛羊肉）和大豆。

加强记忆力和注意力的锌：含锌的食物包括海鲜（如牡蛎、鱼类）、豆类与鸡腿肉。

# 番茄酱蛋饺

保健解析

此菜富含维生素、矿物质、蛋白质等营养物质，为宝宝生长发育提供能量，对宝宝视力发育有益，是宝宝较理想的手持食品。

**主料：**鸡蛋1个，牛奶1大匙，土豆1个，胡萝卜1/3个。

**辅料：**食用油、番茄酱各适量。

制作过程

1. 土豆、胡萝卜洗净蒸熟，土豆剥皮压成泥，胡萝卜剁成末，混合倒入番茄酱搅匀。
2. 鸡蛋打入牛奶中，搅拌均匀。
3. 将锅置于火上，放油，油热后倒入鸡蛋混合液，摊成薄饼，待锅底部蛋饼凝固后，将一半蛋饼放入土豆泥、胡萝卜末、番茄酱混合物，将另一半压在混合物上，做成蛋饼饺，并翻转，使两面都烤焦即成。

# 香炸海带肉丸

保健解析

海带的营养价值很高，每百克干海带中含胡萝卜素0.57毫克，所以常吃海带不仅可以补碘，也可以养眼明目。

**主料：**水发海带200克，瘦猪肉200克，生粉30克。

**辅料：**盐、鸡粉、葱末、姜末、食用油各适量。

制作过程

1. 海带洗净，切成细末；瘦肉洗净剁成肉泥。
2. 海带末、肉泥同装碗，加生粉、鸡粉、盐、葱末、姜末等调料搅拌均匀，做成小丸子，放入烧热的油中炸熟即可。

更多食用建议

做丸子时，必须将各种原料搅拌均匀，让营养均衡。

# 核桃炒鸡翅

保健解析

核桃仁含有较多的蛋白质及人体营养必需的不饱和脂肪酸，这些成分皆为大脑组织细胞代谢的重要物质，能滋养脑细胞，增强脑功能。

**主料**：鸡翅中、核桃各250克，胡萝卜片100克，洋葱片、芹菜段各50克，鲜奶油25克，蛋黄1个。

**辅料**：食用油、盐各适量。

## 制作过程

1. 鸡翅中焯水后沥干；核桃去壳取核桃仁切成小块；蛋黄加入奶油调匀，再加入核桃块搅匀。
2. 起油锅炒香鸡翅中，放胡萝卜、洋葱、芹菜翻炒，加适量水，放入调料中小火烧30分钟，倒入核桃蛋糊，再炖煮20分钟即成。

## 更多食用建议

鸡翅最好切去翅膀尖，这样有助于菜的入味。

# 蛋黄芦笋汤

保健解析

鸡蛋中的卵磷脂均来自蛋黄，而卵磷脂可以提供胆碱，帮助合成一种重要的神经递质——乙酰胆碱，对宝宝补铁和大脑发育均有益。

**主料**：熟鸭蛋黄2个，芦笋100克。

**辅料**：鸡汤、盐、香葱各适量。

## 制作过程

1. 芦笋去皮留嫩心，洗净切寸段；蛋黄切成月牙片；香葱切小段。
2. 锅中放鸡汤烧开，放入芦笋，调入少许盐煮10分钟，加入鸭蛋黄，再煮开，撒上香葱段即可。

## 更多食用建议

鸡汤要选取新鲜的，冰箱里取出的鸡汤要在常温中放一段时间再烹饪。

# 干贝香菇蒸豆腐

## 保健解析

干贝含有蛋白质、脂肪、碳水化合物、维生素A、钙、钾、铁、镁、硒等营养元素，还含丰富的谷氨酸钠，食之增进食欲。

主料　豆腐500克，干香菇10克，胡萝卜15克，干贝30克。

辅料　食用油、生抽、糖、盐各适量。

## 制作过程

1.干香菇用温水泡发洗净撕丝，干贝泡发洗净切粒，胡萝卜洗净去皮切粒。

2.锅里倒少许油烧热，将干贝丝爆炒一下，倒入香菇和胡萝卜粒翻炒，加少许盐、糖、生抽，最后倒入泡干贝的水煮开盛起备用。

3.豆腐用水洗一下然后切块摆盘，蒸5分钟左右后倒掉多余的水分，然后将炒好的干贝香菇胡萝卜倒在豆腐面上再蒸10分钟即可。

## 更多食用建议

干贝烹调前应用温水浸泡涨发，将干贝上的老筋剥去，洗去泥沙。

# 粉蒸苋菜

## 保健解析

苋菜富含钙质，还含有丰富的铁、钙和维生素K，具有促进凝血、增加血红蛋白含量并提高携氧能力、促进造血等功能。

主料 红苋菜500克，米粉50克。

辅料 食用油、盐、味精、香油、鲜汤各适量。

## 制作过程

1.将苋菜洗净，切成段。

2.米粉中加入鲜汤、盐、味精、食用油、苋菜拌匀待用。

3.将拌匀的米粉苋菜放入蒸锅中，用大火蒸约20分钟，取出淋入香油即可。

## 更多食用建议

总的说来，苋菜叶片边缘部绿色，口感软糯，叶片厚、皱的口感老，叶片薄、平的口感嫩。选购时手握苋菜，手感软的嫩，手感硬的老。

# 高汤水饺

## 保健解析

青菜富含维生素、叶绿素、微量元素以及能促进肠道蠕动的纤维素，且含有丰富的水分。

**主料** 面粉500克，猪肉350克，青菜150克，紫菜10克。

**辅料** 猪油、酱油、盐、葱末、鸡汤各适量。

## 制作过程

1.将青菜洗净剁成碎末，挤去水分；猪肉洗净剁成蓉，加入酱油、盐、葱末拌匀，再加入适量的水调成糊状，最后放入猪油、菜末拌成馅待用。

2.将面粉放入盆内，加冷水适量和成面团，揉匀，搓成细条，用面杖擀成小圆皮，加馅，包成小饺子待用。

3.先用开水将饺子煮至八成熟捞出，放入鸡汤内煮，加入盐、紫菜即成。

## 更多食用建议

饺子皮要薄、个要小，制成小巧玲珑的饺子，上火要多煮一煮。刚出锅的饺子很烫，妈妈要先装碗，放凉了再喂宝宝。

# 芒果什锦

## 保健解析

芒果中的胡萝卜素含量十分高，其含有的芒果苷有保护脑神经的作用，提高脑功能。芒果还含有丰富的维生素C。

主料 芒果2个，糯米80克，鸡脯肉100克。

辅料 虾仁40克，香菇40克，熟火腿30克，莲子20克，味精、盐、淀粉各适量。

## 制作过程

1.芒果去皮去核，切小块；将鸡脯肉、熟火腿、香菇、虾仁分别洗净切成丁；将莲子、糯米洗干净，蒸熟备用。

2.将锅烧热，放入香菇、火腿、鸡脯肉、虾仁拌炒。

3.加盐、味精调味，最后加入芒果肉一起略炒，用淀粉勾芡后装在蒸好的莲子糯米上即可。

## 更多食用建议

芒果不宜多吃，过量会对肾脏造成损害。在让宝宝食用芒果时，应避免同时食用大蒜等辛辣食物。

# 「清炒三瓜片」

保健解析

此菜富含蛋白质、淀粉、钙、磷、铁及各种维生素，具有补充维生素、清热化痰和利尿通便的功效。

**主料**：苦瓜 100 克，丝瓜 100 克，黄瓜 100 克。

**辅料**：盐、味精、食用油各适量。

## 制作过程

1. 将苦瓜、丝瓜、黄瓜洗净，分别切片。
2. 将油锅烧热，把切好的苦瓜放入，炒 1 分钟，然后将丝瓜、黄瓜放入油锅内同炒。
3. 撒上调味料，炒 2 ~ 3 分钟即可。

## 更多食用建议

丝瓜宜煮宜炒，天气炎热之时妈妈可以煮汤给宝宝吃，既能补充营养，又有清热解暑的功效，散落的丝瓜花泡开水饮用，也能清热止渴。

# 「茄子蒸鱼片」

保健解析

鱼肉含有丰富的蛋白质、维生素和多种微量元素；茄子含有多种矿物质，与鱼同烹具有清热解毒、暖胃和中之功效。

**主料**：草鱼 300 克，茄子 500 克。

**辅料**：盐、水淀粉、食用油、味精各适量。

## 制作过程

1. 草鱼洗净，斩去头尾，取其净肉，片成大片。
2. 鱼片加盐、味精、水淀粉拌匀备用。
3. 茄子去皮切成条状，用油过熟，摆于盘中垫底。
4. 将鱼片摆放于茄子上，上笼蒸熟，取出淋上熟油即可。

## 更多食用建议

上笼蒸时，掌握火候，不宜蒸得太老。

# 「南瓜牛肉汤」

保健解析

南瓜中含有胡萝卜素，对宝宝有护眼的功效。牛肉中富含铁质，对宝宝有补血的功效。

**主料：**牛肉 150 克，南瓜 500 克。

**辅料：**姜 1 片，食用油、盐、生抽各适量。

**制作过程**

1. 南瓜去皮去核，洗净切小块。
2. 牛肉洗净，切薄片，加生抽腌10分钟，放入滚水中焯至半熟捞起，沥干水。
3. 把姜、适量水放入煲内煮开，放入南瓜，约15分钟后，下牛肉滚熟，加盐调味即可。

**更多食用建议**

南瓜不怕熟，可在水中多煮一会儿。

# 「韭菜炒蛋」

保健解析

韭菜中含有蛋白质、脂肪、碳水化合物，其中最有价值的是含量丰富的胡萝卜素和维生素C，此外还含有钙、磷、铁等矿物质。

**主料：**韭菜100克，鸡蛋2个。

**辅料：**食用油、盐各适量。

**制作过程**

1. 将韭菜洗净切碎，鸡蛋磕开放入碗中打散。
2. 锅中倒入油烧热，放入鸡蛋翻炒片刻。
3. 最后加韭菜，加入盐翻炒一下即可。

**更多食用建议**

韭菜与牛奶不可同吃，牛奶与含草酸多的韭菜混合食用会影响钙的吸收。妈妈还可以为宝宝准备韭菜馅的饺子，多样化的食物会引起宝宝的兴趣，而且韭菜也是很好的护脑食品。

# 红烧虾米豆腐

## 保健解析

豆腐的营养可与动物肉媲美，其富含蛋白质的营养成分，可帮助消化、增进食欲，对宝宝牙齿、骨骼的生长发育也颇为有益。

主料 豆腐 300 克，虾米 100 克。
辅料 盐、味精、香油、酱油、食用油、料酒、葱末、姜末、水淀粉、高汤各适量。

## 制作过程

1.将豆腐改刀成方丁，放入汤碗内用浅水浸泡；虾米用清水洗净后加入葱、姜、料酒，上笼蒸10分钟捞出。
2.炒锅加清水，放入豆腐和适量盐烧开后捞出。
3.炒锅洗净加油烧热，倒入豆腐、虾米、高汤调味，然后用水淀粉勾芡，淋香油起锅装盘即可。

## 更多食用建议

做豆腐菜时，焯水必须凉水下锅，开水取出，适量加点盐，才能除豆腥味。虾米处理时必须上笼蒸，蒸时加适量葱、姜、料酒去腥。

# 胡萝卜瘦肉粥

## 保健解析

胡萝卜含有丰富的蛋白质、脂肪、碳水化合物、膳食纤维等各种人体必需的营养素，并含有丰富的矿物质，对宝宝具有补血助发育的功效。

## 制作过程

1.猪瘦肉洗净，剁成肉末；胡萝卜去皮洗净，剁成末。
2.将锅内白粥煮开后，放入胡萝卜末、洋葱末、土豆末、芹菜末，煮5分钟。
3.最后放入肉末煮熟，加盐调味即可。

**主料** 白粥1碗，猪瘦肉150克，胡萝卜50克。
**辅料** 洋葱末、土豆末、芹菜末、盐各适量。

## 更多食用建议

胡萝卜应当用油炒或（和）肉类一起食用，利于吸收。其颜色靓丽，脆嫩多汁，芳香甘甜，妈妈还可以为宝宝换个花式做个蜜萝卜，作为正餐外的点心。

# 豆腐猪红汤

## 保健解析

猪血为高蛋白质食品，它含有人体必需的无机盐，如钙、磷、钾、钠等，以及微量元素铁、锌、铜、锰等，可以预防宝宝缺铁性贫血的发生。

**主料** 红枣10颗，猪血250克，豆腐1块。
**辅料** 葱花、味精、食用油、香油、盐各适量。

## 制作过程

1. 猪血洗净，切方块；豆腐切方块；红枣去核洗净。
2. 锅内放入适量清水，加入红枣，先用大火煮开，再转小火煮15分钟，再转大火滚沸水，放入猪血及豆腐，待煮滚加盐调味。
3. 撒入葱花、味精、香油等调味料提味即可。

## 更多食用建议

猪血不宜与黄豆同吃，否则会引起消化不良。

# 香葱油面

## 保健解析

葱含有具有刺激性气味的挥发油和辣素，能产生特殊香气，具有较强的杀菌作用，可以刺激消化液的分泌，增进食欲。

主料 面条 160 克，葱 4 根。

辅料 食用油、酱油、糖、葱油、盐各适量。

## 制作过程

1.加盐煮沸半锅清水，放入面条煮熟，捞出过冷，沥干待用。

2.葱洗净，切成长段葱花；锅中倒油烧热，加入葱段以中火炸至香脆，取出待用。

3.将酱油、清水倒入锅内剩油中，加半茶匙糖拌匀，再加入葱段炒至入味，再倒入适量酱油、清水及糖调匀，加入面条拌匀，即可上碟。

4.食用时淋上葱油、撒上葱花即可。

## 更多食用建议

在加入调料熄火之后，再撒上葱花，可使香味更可口。

# 红薯西米粥

## 保健解析

西米的成分几乎是纯淀粉，含88%的碳水化合物、0.5%的蛋白质、少量脂肪及微量维生素B族；红薯含有大量不易被消化酶破坏的纤维素和果胶，能刺激消化液分泌及肠胃蠕动，从而起到通便作用。此粥可益气温中。

主料　新鲜红薯250克，粳米100克。
辅料　西米 50 克，糖适量。

## 制作过程

1.将新鲜红薯洗净去皮，切粒；粳米和西米淘洗干净，待用。
2.锅中注入清水适量，放入粳米、西米、红薯粒，中火熬至米软烂。
3.加入适量糖调味即可。

## 更多食用建议

一边煮粥一边用勺子搅拌，否则西米会粘锅底。

# 甜椒香干炒四季豆

## 保健解析

甜椒含有抗氧化的维生素和微量元素，含有丰富的维生素C、维生素K，具有补脾、开胃、健脑、长智的功效。

## 制作过程

1.将甜椒去籽洗净切丝；香干洗净切成丝。

2.大火热锅，将油烧至七成热，放入尖椒、四季豆，炒至四季豆熟。

3.放入香干丝，加盐及水，再炒片刻，加上香油即可出锅。

**主料** 甜椒60克，四季豆60克，香干 50克。

**辅料** 食用油、盐、香油各适量。

## 更多食用建议

甜椒有特有的味道，其所含的辣椒素有刺激唾液和胃液分泌的作用，不宜一次让宝宝吃得过多，多吃会引发痔疮、疥疮等炎症。

# 「绿豆薏仁粥」

保健解析

绿豆的蛋白质含量比鸡肉还要高，热量是鸡肉的3倍，钙是鸡肉的7倍，铁是鸡肉的4倍，维生素B以及磷含量也比鸡肉高，食之具有清热解毒的功效。

**主料：**绿豆 60 克，小米 60 克，薏仁 40 克。

**辅料：**冰糖适量。

## 制作过程

1. 将绿豆、小米、薏仁洗净后，浸泡 2 小时。
2. 锅中注入清水适量，放入绿豆和薏仁先煮软，再加入适量冰糖即可。

### 更多食用建议

未煮烂的绿豆腥味强烈，食用后易使人恶心、呕吐，因此妈妈在烹制时应注意火候。

# 「鸭肝豌豆苗汤」

保健解析

各种动物的肝脏都含有丰富的营养物质，特别是对视力有良好作用及可治疗多种眼疾的维生素A，故常吃些猪、牛、羊及鸡、鸭等动物的肝脏，非常有益于眼睛的健康。

**主料：**净鸭肝 60 克，豌豆苗 30 克。

**辅料：**鲜汤、胡椒粉、盐、酱油、香油各适量。

## 制作过程

1. 鸭肝切成薄片，用凉水浸泡后再洗一遍。
2. 锅中加入鲜汤、酱油、鸭肝片，煮开后撇去浮沫，加胡椒粉，下入豌豆苗、盐煮至成熟，淋上香油即成。

### 更多食用建议

鸭肝要洗干净，可先在清水中浸泡，以去其血污。

# 苋菜鱼肉饭

保健解析

苋菜富含易于被人体吸收的钙质，对牙齿和骨骼的生长起到促进作用，其还含有丰富的铁和维生素K。

主料：大米 50 克，苋菜 10 克，蒸熟的鱼肉 20 克。

辅料：盐适量。

制作过程

1. 将大米淘洗干净，用清水浸泡1小时；鱼肉弄碎，待用。
2. 苋菜洗净，放入滚水中焯软捞起，沥干水分切细。
3. 开火将大米煮沸，改小火慢煮成浓糊状的烂饭，放入苋菜丝搅匀煮黏，再放鱼肉、盐搅匀煮滚即可。

更多食用建议

苋菜能促进宝宝的生长发育，对骨折的愈合具有一定的食疗价值。

# 椰子糯米粥

保健解析

椰肉含有大量的油类物质，还含有维生素A、维生素C、磷、钾、钠、镁、硒等多种营养物质，能强身健体。椰汁还有很好的清凉消暑、生津止渴的功效。

主料：椰子肉100克，鸡肉150克，山药100克，糯米100克。

辅料：食用油、盐、味精、酱油各适量。

制作过程

1. 椰子肉洗净切片；鸡肉洗净切成片，加入油、盐、酱油腌约 30 分钟；山药洗净削皮，切片，待用。
2. 糯米淘净，放入锅中，加入山药片、椰片及适量清水，置火上煮沸后，改小火煮。
3. 约 5 分钟后，加入鸡肉片同煮，米软烂时加入盐、少量味精调味即可。

更多食用建议

糯米不宜一次给宝宝食用太多。

# 花生仁炒冬瓜

保健解析

花生是很好的护脑食品，其所含的营养价值比粮食类高，可与鸡蛋、牛奶、肉类等动物性食品相媲美，其蛋白质和脂肪的含量相当高，是宝宝很好的日常饮食常备食品。

主料 花生仁30克，冬瓜100克，火腿30克，蒜苗10克。

辅料 姜、食用油、盐、味精、糖、湿生粉各适量。

## 制作过程

1.花生仁去皮后油炸；冬瓜去皮去籽，洗净切丁；火腿切丁；姜洗净去皮切片；蒜苗洗净切段。

2.锅中注入适量清水烧开，放入冬瓜丁，煮至八成熟，取出用凉水冲透。

3.将油倒入锅中烧热，放入姜片、火腿丁、冬瓜丁，加盐、味精、糖，放入蒜苗段一起炒透。

4.然后用湿生粉勾芡，炒匀装碟，撒上花生仁即可。

## 更多食用建议

选购花生时，以粒圆饱满、无霉蛀者为佳。如果有软烂或过于干瘪者，不宜选购。买回的花生如果保存不善，极易霉变产生致癌力极强的黄曲霉素，因此应将其晒干后放在低温、干燥的地方保存。烹制时，将花生仁装入盆中，加清水适量，稍漂洗即可。

# 青豆猪肝饭

## 保健解析

青豆含有植物蛋白质及碳水化合物，能供应热量；猪肝含有丰富的铁质，铁质是制造红血球的成分。

**主料** 大米50克，猪肝40克，青豆10克。

**辅料** 生抽、生粉、糖、食用油、盐各适量。

## 制作过程

1. 青豆放入滚水中煲5分钟，熟后滤去水分，用汤匙搓烂，去掉豆皮，豆仁留用。
2. 猪肝洗净剁细，加入调味料搅匀；大米洗净，用清水浸1小时。
3. 锅内放入水煲滚，放下大米及浸泡大米的水煲滚，以小火煲成浓糊状的烂饭，放下青豆仁、猪肝及少许盐搅匀，猪肝熟透即成。

## 更多食用建议

除了青豆外，也可以用青豆角、四季豆或其他适合宝宝吃的蔬菜，但要煮黏剁细，使宝宝易于吞食。

# 橙汁鱼球

## 保健解析

鱼肉中含有丰富的蛋白质，是一种完整性的蛋白质，营养价值高，且特别容易吸收，有益智补脑的功效。

**主料** 青鱼中段300克，鸡蛋1个，橙子2个。

**辅料** 食用油、料酒、糖、盐、味精、生粉、葱、姜汁各适量。

## 制作过程

1.青鱼去骨、去刺、去皮，剁成鱼蓉，加入料酒、盐、味精后拌匀，再放入蛋清、葱、姜汁、生粉，搅拌均匀待用。

2.取一干净方盘涂上一层油，将鱼蓉做成球，上笼蒸20分钟。

3.鲜橙榨汁，倒入锅中煮沸，加糖、盐各少许，烧沸后用生粉勾芡，倒入鱼球翻炒均匀，出锅装盘即可。

## 更多食用建议

鱼肉新鲜与否，不仅关系到这道菜味道的好坏，而且其营养成分也大不相同。所以，最好是选择活鱼，即买即食。

# 番茄青椒炒蛋

## 保健解析

番茄含蛋白质、脂肪、碳水化合物、钙、铁、维生素A和维生素E等营养成分，可作为宝宝经常食用的一种食材。

主料 鸡蛋2个，番茄100克，青椒100克。

辅料 葱花、食用油、香油、盐、味精各适量。

## 制作过程

1.将鸡蛋打在碗内搅拌搅匀；番茄、青椒分别洗净，切小块备用。

2.锅中倒入少许油烧热，放入葱花煸香，倒入鸡蛋炒至熟透时盛出。

3.锅中留底油烧热，倒入番茄和青椒稍炒一会，再放入炒熟的鸡蛋，加盐、味精，翻炒匀透后淋上香油即可。

## 更多食用建议

未成熟的番茄不能让宝宝食用，也不可让宝宝空腹食用番茄。番茄色泽鲜明，香嫩爽口，妈妈每次为宝宝准备2～3个即可。

# 牛奶柠檬鱼

## 保健解析

牛奶中的蛋白质含有8种必需氨基酸，适宜构成肌肉组织和促进健康发育，其所含有的脂肪熔点低、颗粒小，很容易被人体消化吸收，且消化率达97%。牛奶还含有维生素A、维生素C、维生素D及B族维生素。此菜对促进宝宝和青少年骨骼、牙齿发育有很大的帮助。

主料 银鳕鱼200克，牛奶500毫升，柠檬汁200毫升，面粉200克，生粉200克。

辅料 甜椒、盐、糖、食用油各适量。

## 制作过程

1.银鳕鱼宰杀干净，加盐腌渍片刻；生粉加面粉以1∶1比例混合，放入银鳕鱼沾上粉。

2.锅中倒入油，银鳕鱼轻放入锅中，煎至浅黄色，装盘。

3.锅里倒入牛奶、糖、盐、柠檬汁拌匀后，勾芡，放入甜椒中，食用时淋在鱼身上即可。

## 更多食用建议

妈妈在宝宝进食前要把鱼刺挑干净。银鳕鱼营养丰富，味道鲜美，妈妈可以尝试多种做法为宝宝准备营养菜肴，如盐烧、腌制等，营养到位又能给宝宝换口味，一举两得。

# 素炒彩丁

## 保健解析

黄瓜富含蛋白质、糖类、维生素$B_2$、维生素C、维生素E、胡萝卜素、烟酸、钙、磷、铁等营养成分，有利水利尿、清热解毒的功效；莴笋可帮助宝宝增加胃液分泌，增进食欲。

**主料** 黄瓜300克，莴笋、胡萝卜、土豆各50克。

**辅料** 食用油、盐各适量。

## 制作过程

1.黄瓜、莴笋、胡萝卜、土豆分别去皮，洗净切丁。

2.烧热锅，放食用油，先将土豆煎至微黄，再放入黄瓜、莴笋、胡萝卜，加少许清水翻炒至熟。

3. 加盐调味即可。

## 更多食用建议

把所有主料切丁一起炒，不但色彩丰富，而且营养互补，一定会受到宝宝的喜爱。此外，脾胃虚弱的宝宝非常适宜食用此菜。

# 「猪肝瘦肉稀饭」

保健解析。

猪肝护眼效果良好，所以妈妈们要经常变着法子做，让宝宝百吃不厌，这样才能起到养眼明目的效果。

**主料**：鲜猪肝 50 克，鲜瘦猪肉 50 克，大米 50 克。
**辅料**：食用油、盐各少许。

## 制作过程

1. 将猪肝、瘦肉洗净，剁碎，加油、盐适量拌匀。
2. 将大米洗净，放入锅中，加清水适量，煮至大米稀烂时，加入拌好的猪肝、瘦肉，再煮至肉熟即可。

## 更多食用建议

猪肝内部会有血水，可在清水中反复浸泡，以清洗干净。

# 「乳酪西兰花」

保健解析。

西兰花富含维生素C、叶酸、钙等营养物质，是宝宝补钙的理想食物之一，对宝宝的身体发育有益。

**主料**：西兰花 300 克，香菇 50 克。

**辅料**：食用油、蒜末、盐、乳酪各适量。

## 制作过程

1. 西兰花洗净切小朵；香菇泡发后洗净切片。
2. 起油锅，爆香蒜末，放入西兰花和香菇炒至九成熟。
3. 加入乳酪，拌炒均匀，调味出锅即可。

## 更多食用建议

西兰花不宜久放，两天内食用才能保证营养不流失。

# 鲜香蛋鱼卷

**保健解析**

胡萝卜富含维生素A，具有辅助治疗夜盲症、保护呼吸道和促进儿童生长等功能。

**主料：** 鸡蛋2个，三文鱼肉150克，芦笋、胡萝卜条各50克，海苔6片。

**辅料：** 盐、沙拉酱、熟黑白芝麻、食用油、香油各适量。

**制作过程**

1. 鸡蛋打入碗内，搅散后过滤一下；芦笋去粗纤维后洗净，切小段，入滚水中煮熟，沥干；胡萝卜条入沸水中焯透。
2. 平底锅下少许食用油，把蛋液摊成圆薄饼2~3张。
3. 三文鱼肉放入开水锅中，以小火煮至肉熟后捞出，把肉压碎，加盐、沙拉酱拌匀。
4. 将蛋饼铺平，每张都放上三文鱼肉、2片海苔、芦笋段和胡萝卜条，卷成卷，压紧后切段，装盘撒上芝麻，淋上少许香油即可。

# 益智鱼头汤

**保健解析**

鱼头中脑髓较多，蛋白质含量丰富，以鱼头炖汤给孩子食用，可益智商、强脾胃、助记忆。

**主料：** 鱼头（草鱼或鳙鱼）1个。

**辅料：** 虾仁丁、鸡肉丁各20克，葱花、姜末、盐、香油各适量。

**制作过程**

1. 鱼头处理干净，与鸡肉丁一同入锅，加适量水以中火炖煮。
2. 待熟透时，加入虾仁丁、葱花、姜末、香油、盐，再炖煮片刻，取汤和虾仁、鸡肉给宝宝食用。

**更多食用建议**

鱼鳃对人体有害，应该清理干净。

# 大虾萝卜汤

## 保健解析

此汤富含钙质及磷、钾、铁和维生素A、维生素B、维生素C等营养成分，是可以为宝宝大脑提供营养的美味食品。

## 制作过程

1. 将萝卜洗净，切成丝；大虾剪去虾枪洗净。
2. 炒锅烧热，加入食用油适量，烧热后，加入葱花，然后再加入大虾，翻炒几下。
3. 虾锅中加入适量水和萝卜丝，八成熟时，加入各种调味品烧开即可。

**主料** 大虾50克，白萝卜100克。

**辅料** 食用油、醋、姜丝、葱花、盐各适量。

## 更多食用建议

白萝卜与胡萝卜不可同吃，胡萝卜中含有一种叫解酵素的物质，会破坏白萝卜里含量极高的维生素C。

# 豉汁蒸鲶鱼

## 保健解析

鲶鱼含有丰富的蛋白质和脂肪，是提神醒脑的佳品，还有滋阴养血、补中益气、开胃、利尿的作用。

**主料** 鲶鱼肉300克，豆豉20克，红辣椒1个。

**辅料** 姜、葱、食用油、盐、味精、白糖、蚝油、干生粉各适量。

## 制作过程

1.将鲶鱼肉洗净切成小片；豆豉剁成泥；红辣椒洗净切成粒；姜洗净切成米；葱洗净切成花。

2.取深碗一个，加入鲶鱼、豆豉、红辣椒粒、生姜米，调入盐、味精、白糖、蚝油、干生粉，一起拌匀放入碟内。

3.将鱼肉入蒸锅蒸约10分钟后取出，撒上葱花，淋上热油即可。

## 更多食用建议

鲶鱼可以先去皮，然后剔除骨头，这样更容易做菜。

# 猕猴桃炒虾球

## 保健解析

虾仁富含蛋白质、钙、铁、磷等营养成分，经常食用可促进宝宝生长发育。胡萝卜富含胡萝卜素，少量组合在日常膳食中对宝宝的眼睛、皮肤健康有利。

主料　虾仁300克，鸡蛋1个，猕猴桃100克，胡萝卜20克。

辅料　食用油、盐、生粉各适量。

## 制作过程

1. 虾仁洗净；鸡蛋打散，加入少许盐、生粉搅拌上浆；猕猴桃剥皮切成丁；胡萝卜削皮洗净切成丁，待用。
2. 炒锅洗净烧热，倒入油烧至四成热后，放入虾仁滑油至熟，卷成虾球时捞起。
3. 锅中留少许油，放入胡萝卜丁，再加入虾球、猕猴桃丁，翻炒均匀，打入鸡蛋炒熟，放入盐调匀，用生粉勾芡即成。

## 更多食用建议

猕猴桃要选择不太熟的，太熟里面全是水，不宜做菜。

# 砂锅奶汤鱼头

## 保健解析

鲢鱼头除了富含蛋白质、钙、铁、磷、锌、维生素$B_1$外，还含有鱼肉中所缺乏的卵磷脂，可补脑，增强记忆、思维和分析能力。

**主料** 鲢鱼头800克，火腿、香菇各30克，虾米、青蒜段各15克，牛奶100毫升。

**辅料** 葱段、姜片、食用油、盐、味精、各适量。

## 制作过程

1. 鱼头去鳃，劈开洗净；火腿切片；香菇泡洗干净。
2. 锅上火下油烧热，放入鱼头，两面煎成金黄色，再放入葱、姜稍煎一下，倒入牛奶和约1000毫升水，烧开后下盐、味精调好口味。
3. 盛入砂锅内，放香菇、火腿片、虾米再烧开，转小火炖半个小时，等鱼头烂、汤汁浓时，下青蒜段。
4. 最后把热油淋在青蒜段上即可。

## 更多食用建议

可以适当多煮一会儿，这样汤的味道更浓郁。

# 「黄花菜炒木耳」

保健解析

黄花菜中维生素A的含量很高，粗纤维、磷、钙、铁及矿物质的含量也很丰富。黑木耳中也富含铁元素。此菜可补血，提神醒脑，还能提高记忆力。

**主料**：黄花菜（干品）20克，黑木耳80克，鸡蛋2个。
**辅料**：食用油、盐、味精各适量。

制作过程

1. 将黄花菜用水发透后洗净，切去老的部分；黑木耳去蒂洗净切成丝；鸡蛋打散。
2. 锅内烧水，待水开后，下入黄花菜、黑木耳，用中火煮片刻，倒出沥干水。
3. 另烧锅下油，加入鸡蛋炒至蛋成块时，加入黄花菜、黑木耳，调入盐、味精，炒透即可。

更多食用建议

黑木耳不能在开水中煮太久，以免煮碎。

# 「软炒蚝蛋」

保健解析

蛋黄中所含丰富的卵磷脂被酶分解后，能产生出丰富的乙酰胆碱，进入血液又会很快到达脑组织中，可增强记忆力。

**主料**：牡蛎肉300克，鸡蛋2个。

**辅料**：食用油、盐、姜末、葱花、生粉各适量。

制作过程

1. 牡蛎洗净，用盐、生粉略腌；鸡蛋打散，备用。
2. 起油锅，倒入牡蛎，加姜末，翻炒至八成熟。
3. 倒入鸡蛋液，快速翻炒至成块，撒葱花，调味后即可装盘。

更多食用建议

牡蛎要在清水中泡一段时间，多洗几遍，否则里面会有寄生虫。

# 「板栗烧鸡块」

保健解析

板栗能活血止血，生津益气，对体虚乏力、体弱多病的宝宝，更能养血补气、增进食欲。

**主料：**板栗 200 克，鸡肉 200 克。

**辅料：**食用油、盐、姜、蒜各适量。

**制作过程**

1. 板栗去皮，洗净后切开；鸡肉洗净后，切成大小均匀的块。
2. 板栗煮熟后沥干水分，切成小块待用；油锅烧热，加入鸡肉炒一会，加入葱、姜爆炒片刻。
3. 加入少量水，放入板栗，盖上锅盖焖30分钟，调味出锅即可。

**更多食用建议**

板栗在煮之前要切开一道口子，更容易煮熟。

# 「板栗核桃粥」

保健解析

核桃中含有大量的不饱和脂肪酸，此粥不仅香甜可口，而且能美容瘦身，补脑益智。

**主料：**板栗50克，核桃仁50克，大米100克。

**辅料：**盐、鸡粉各适量。

**制作过程**

1. 将板栗去皮，洗净后切成粒；核桃仁切成粒；大米用清水洗净。
2. 砂煲中注入适量清水，用中火烧开，下入大米，改小火煲至米开花。
3. 加入板栗、核桃仁，再煲 20 分钟，调入盐、鸡粉推匀即可。

**更多食用建议**

核桃仁要清洗干净，最好用温水清洗，确保里面无壳。

# 金针菇肉蛋蓉

保健解析

瘦肉含有大量蛋白质和氨基酸，能促进人体正常发育，对宝宝脑部发育有益。

主料 鸡蛋4个，金针菇150克，精瘦肉100克，肥肉15克，熟火腿粒、青辣椒粒各30克。

辅料 盐、味精、湿生粉、鸡汤、食用油各适量。

## 制作过程

1. 金针菇切去根部洗净，切小段；瘦肉和肥肉分别洗净，一起剁成蓉。
2. 鸡蛋打散，加盐、味精、湿生粉搅匀，放肉蓉搅成糊。
3. 金针菇以少许油炒片刻，用开水冲去油，与鸡汤一起入锅，用小火煨至鸡汤收干时，出锅待凉后和青辣椒粒同放入肉蓉糊中拌匀。
4. 炒锅上火放油烧热，倒入金针菇肉蓉糊，煎炒至凝固时撒上火腿末，继续炒至熟盛盘。

## 更多食用建议

瘦肉、肥肉剁蓉要剁碎，剁好后可以在里面放一点蛋清，这样黏度更大。

# 3~6 岁宝宝均衡营养餐

3~6岁宝宝的乳牙已出齐，咀嚼能力增强，消化吸收能力已基本接近成人，此时正是宝宝身体迅速生长发育的重要时期。“合理搭配、均衡营养”，爸爸妈妈牢记这一饮食原则，就能科学地给宝宝提供充足而全面的营养，为宝宝健康成长打下坚实的物质基础。

# 饮食指导

儿童心理专家和教育家们把从3～7岁这个阶段称为学前期。学前期是宝宝大脑生长发育的关键时期。此阶段的宝宝更需要摄入足够的、均衡的营养，才能满足机体所需。充足的营养能促进大脑发育，开发学前智力，这对宝宝的心理和学习有良好的促进作用，还能为宝宝的成长成才打下坚实的基础。反之，营养不良会影响宝宝身体的正常发育，降低抵抗力，甚至出现缺铁性贫血、甲状腺肿以及结核病等，导致成年后体质变差。

因此，幼儿期要尤为重视各种营养的摄入，挑选具有益智、补脑、安神、明目功能的食物可以很好地帮助宝宝成长发育。此外，适当的咀嚼有益于宝宝的脑部发育，所以家长应鼓励宝宝吃东西时细咀慢嚼。同样的原理，让宝宝吃新鲜的水果要比喝果汁好。

妈妈在为这个阶段的宝宝准备膳食时要遵循如下原则：

1　食物应适量、全面且营养均衡，应经常变换，不能偏重于某一种食物。

2　食物种类要广泛，否则易导致宝宝营养不全甚至营养不良，不仅影响身体的发育，也会影响智力发育。

3　营养均衡食物的种类及数量应逐步添加，食物种类全面不等于一哄而上，要注意宝宝的特殊进食心理和尚未完善的消化机能。

宝宝对陌生的食物或是特殊气味的食物，如海鲜等不易接受时，家长在增加新的食物时应尽量烹调得可口，色香诱人，诱导宝宝进食。

“合理搭配，均衡营养”的目的是为了发挥各种食物的营养效能，提高各种营养素的生理价值与吸收利用率。此阶段，宝宝的膳食组成应包括各种食物，但不宜多食刺激性食物，食物应软硬适中，还需特别注意食物的花色品种要多样化，粗细粮交替、荤素菜搭配，保证平衡膳食。每日的餐次，除早、中、晚三餐外，下午应增加午点1次。

# 营养需求

在饮食上，要注意科学搭配，保持平衡营养。这个阶段的宝宝正处于生长发育阶段，新陈代谢旺盛，对蛋白质、脂肪、碳水化合物、维生素等各种营养素的需要量相对较高，合理的营养补充不仅能保证他们的正常生长发育，也可为其成年后的健康打下良好基础。

同时，补充脑营养素，对这个阶段的宝宝来说尤为重要。脑营养素主要有优质蛋白质、碳水化合物、脂肪、矿物质和维生素等，这些都是脑和神经发育、功能活动的必需物质。如果脑营养素缺乏或不足，会直接影响脑的发育和神经的活动功能，使智力低下。

**锌**

人脑中锌含量占全身锌总量的7.8%，如果食物中缺少锌的供给，大脑中酶的活性就会降低，这会直接影响脑神经发育，使记忆力、理解能力下降。含锌丰富的食物有：奶类、瘦肉、青鱼、动物肝脏、蛋、牡蛎、芝麻、花生、核桃以及胡萝卜、土豆等。

**优质蛋白质**

由于大脑细胞中35%是由蛋白质构成的，脑神经激素是一种多肽结构的蛋白质分子，是兴奋和抑制的机构，正是依靠这种兴奋和抑制，方能发挥记忆、思考、 语言等活动的能力。含优质蛋白质的食物有：瘦肉、奶类、蛋类、大豆、鱼虾等。

**卵磷脂**

由于神经的冲动和传导需要灵敏的反应，这就要靠乙酰胆碱在脑细胞中起“患实使者”的作用，而乙酰胆碱又需要卵磷脂为能源。含卵磷脂的食物有：动物的脑、蛋黄、大豆、动物肝脏、鱼等。

**脂肪**

脑细胞中有60%的不饱和脂肪酸，它能保持细胞的活动经久不衰。这种脂肪酸不能在体内合成，必须从食物中获得。芝麻油、核桃、花生、瓜子仁、松子中都含有丰富的不饱和脂肪酸，其他如动物脑、肺、心等动物内脏以及瘦肉中也含有这种脂肪。

**能量**

大脑每天所消耗的能量占全身需要量的1/5，其能量主要来自葡萄糖。它由主食米、面等经过体内一系列生物化学的作用，最后转化而成。

# 菠萝鸡片汤

## 保健解析

此菜含有蛋白质、碳水化合物、维生素A、维生素C、叶酸、钙、磷、钾、镁等多种营养物质。

主料 菠萝250克，鸡脯肉150克。

辅料 姜丝、盐、料酒、香油、干淀粉、食用油各适量。

## 制作过程

1. 将菠萝削皮后，用盐水浸泡片刻，切成扇形；鸡脯肉洗净切薄片，用盐、料酒、干淀粉拌匀上味。
2. 锅中倒入油烧热，放姜丝煸炒片刻，放入鸡脯肉片，用大火翻炒几下，加入菠萝片再炒几下。
3. 加盐、清水，盖好锅盖，待汤烧开后，淋上香油即可。

## 更多食用建议

吃菠萝时应先把果皮削去，挖尽果丁，然后切开在盐水中浸泡，可使菠萝味更甜，又能使有机酸分解在盐水中，避免中毒。

# 水果酸奶沙拉

## 保健解析

酸奶颜色乳白、气味清香、酸甜可口。酸奶不仅保存了原来鲜奶的所有营养，而且更有利于宝宝的消化和吸收，还能调节肠道内微生物的平衡。

**原料** 木瓜80克，葡萄30克，苹果50克，酸奶50毫升。

## 制作过程

1. 将所有水果洗净。
2. 葡萄去皮；木瓜挖成大小均匀的小球；苹果切小块。
3. 将切好的水果放在碗中，淋上酸奶就可以了。

## 更多食用建议

酸奶要选低脂的品种，高脂酸奶往往太稠，做出的沙拉不好看，也与水果的清爽特点不符。

# 西兰花炒猪肝

## 保健解析

西兰花含有丰富的抗坏血酸，能增强肝脏的解毒能力，提高机体免疫力。此菜含丰富的蛋白质、脂肪、碳水化合物和钙、铁、锌、维生素A、胡萝卜素、维生素C等。

主料 猪肝100克，西兰花200克。

辅料 葱段、姜末、生粉、食用油、料酒、酱油、盐、味精、蒜蓉各适量。

## 制作过程

1. 将猪肝洗净，切成小片，放入碗内，加盐、味精、料酒、酱油拌匀，再加生粉拌匀备用。
2. 将西兰花洗净，切成小块，用滚水汆熟，沥干水备用。
3. 锅中倒油，以大火烧热，爆香葱段、姜末、蒜蓉，放入猪肝，炒至将熟时，倒入西兰花，加盐、味精翻炒匀透即可。

## 更多食用建议

花球表面无凹凸、花蕾紧密结实的西兰花品质较好。西兰花的主要食用部位是花球，茎梗则被视为废料。其实削去茎梗粗厚的外皮，里面的嫩茎肉可以腌渍成泡菜，是不错的开胃小食，清脆爽口，宝宝一定会有兴趣。

# 简易海鲜意粉

保健解析

海鲜中富含钙、锌等，可以补充儿童身体中所需的多种微量元素。

主料 海鲜（虾仁、鱿鱼、蛤蜊）各50克，螺旋意粉200克。

辅料 蔬菜丝（青红椒丝、胡萝卜丝、洋葱丝）、橄榄油、加盐奶油、蒜片、盐、鸡精各适量。

## 制作过程

1. 锅中加适量清水煮开，加入意粉，煮约10分钟，并加入少许橄榄油和盐。
2. 把海鲜洗净料理好后，下入开水锅焯一下。
3. 热锅下油，加入蔬菜丝、盐炒匀；另起锅，放适量橄榄油，烧热后放入蒜片爆香，炒至软时放入海鲜同炒。
4. 意粉控干水分后倒入锅中翻炒均匀，最后加入炒好的蔬菜、奶油，等奶油完全融化后就可以上盘。

## 更多食用建议

此道菜不宜煮得太久、太烂，如用叉卷起食用时意粉断掉，即表示意粉煮得太烂。

# 板栗红枣排骨汤

## 保健解析

排骨富含钙质，是宝宝补钙的理想食物。板栗可补肾壮腰、健脾止泄。红枣可补中益气、养血安神。

主料 排骨500克，红枣50克，板栗100克。

辅料 盐、鸡精各适量。

## 制作过程

1. 将板栗去皮洗净；红枣洗净；排骨洗净，斩成小块。
2. 锅内烧水，水开后放入排骨煮去血污，再捞出洗净。
3. 将板栗、红枣、排骨一起放入煲内，加入适量清水，大火煲开后，改用小火煲 1 小时，调味即可。

## 更多食用建议

红枣有抗过敏的作用，过敏体质的宝宝可吃些红枣，但注意不要过量。

# 荤素花菜

## 保健解析

花菜少纤维，易消化，且富含矿物质及人体必需的氨基酸。此菜含铁量达54.43毫克，对宝宝的各种贫血病有较好的辅助疗效，是上选的补铁菜品。

**主料** 猪瘦肉50克，花菜100克，红彩椒1个。
**辅料** 生姜、盐、食用油、白糖、湿生粉各适量。

## 制作过程

1. 猪瘦肉洗净切片；花菜洗净切成小颗；红彩椒洗净切菱形小片；生姜洗净去皮切片。
2. 肉片加少许盐、湿生粉腌好；花菜用开水烫至八成熟倒出。
3. 烧锅下油，待油热时，下入姜片、肉片，用中火炒至肉片滑嫩，投入花菜、红彩椒片，调入盐、白糖炒匀。
4. 然后用湿生粉勾芡，翻炒几次，出锅入碟即成。

## 更多食用建议

花菜用开水烫后，应放入凉开水内过凉，捞出沥净水再用。花菜的烧煮时间不宜过长，才不致破坏和丧失其营养成分。

# 「骨头汤炖莴笋」

保健解析

这道菜含有丰富的钙质和碘，对正处于发育旺盛期的宝宝很有利。

**主料：**排骨 200 克，莴笋 150 克。

**辅料：**盐适量。

## 制作过程

1. 莴笋去皮洗净后，切小块。
2. 排骨洗干净，然后切成小块，放入沸水中焯去血腥味。
3. 锅内放适量清水，加入排骨和莴笋，一起煮 30 分钟，最后放盐调匀就可以了。

### 更多食用建议

莴笋和排骨都要炖烂，这样营养更能释放出来。

# 「腊肉鸳鸯花」

保健解析

花菜营养丰富，含有蛋白质、脂肪、磷、铁、胡萝卜素和维生素C、维生素A等，可为宝宝提供生长发育所需的各种营养素。

**主料：**腊肉 50 克，花菜 1/3 颗，西兰花 1/3 颗。

**辅料：**食用油、盐、糖、蒜米、姜米各适量。

## 制作过程

1. 将腊肉洗净切片；花菜、西兰花分别洗净切块，焯水煮熟待用。
2. 热锅下油，下蒜米、姜米、腊肉，快炒，加入花菜、西兰花混炒即可。

### 更多食用建议

花菜、西兰花焯水时，水中应加少许盐，以便入味。

# 「肉丁炒青豆」

**保健解析**

这道菜含有钙、磷、铁、锌等多种矿物质，胡萝卜含有胡萝卜素、维生素等多种营养成分。

**主料**：鸡胸肉 80 克，豌豆 50 克，胡萝卜 30 克。

**辅料**：食用油、葱末、盐各适量。

**制作过程**

1. 鸡胸肉洗净，切成小丁；豌豆洗净；胡萝卜去皮洗净后切成小丁。
2. 炒锅上火，放油烧热，放入葱末煸出香味，下鸡肉丁炒至变色。
3. 加入豌豆，大火快炒，炒至快熟时，放盐调味即可。

**更多食用建议**

鸡肉丁在切的时候要大小一致，这样做出的菜式才好看。

# 「香干烧芹菜」

**保健解析**

芹菜营养丰富，含有蛋白质、碳水化合物、脂肪、维生素及矿物质，其中磷和钙的含量较高。

**主料**：芹菜250克，香干100克。

**辅料**：食用油、香油、味精、料酒、盐、葱末各适量。

**制作过程**

1. 将芹菜洗净，去根、叶和老筋，切段；香干洗净切细丝。
2. 把芹菜用开水焯一下，锅中倒入食用油、葱末炝锅，放入芹菜煸炒至熟。
3. 放入香干，加味精、盐调味，淋香油，翻炒片刻即可。

**更多食用建议**

芹菜与牛肉搭配营养丰富。牛肉补脾胃、滋补健身，营养价值高；芹菜清热利尿，还含有大量的粗纤维。夏季炎热，妈妈可以为宝宝准备此菜，适量吃些芹菜对宝宝身体有益处。

# 胡萝卜虾球

保健解析

这道菜富含蛋白质维生素、胡萝卜素、矿物质等多种营养物质，对宝宝的生长发育有补益作用。

主料 胡萝卜250克，鲜虾仁100克，冬瓜50克。

辅料 盐、白糖、黄油、生粉各适量。

## 制作过程

1.胡萝卜去皮洗净，切长方形小块，每块中间挖空（不要挖透），待用。

2.鲜虾仁处理干净，剁碎，加入盐、白糖、生粉，搅拌上劲；冬瓜去皮洗净，切成薄片，入沸水中煮熟。

3.将虾馅团成小球，填入胡萝卜上的挖坑中，上笼蒸至熟透，码入盘中，用熟冬瓜片装饰。

4.锅内放黄油，待化开后，加少许水、盐、白糖烧开，用湿生粉勾芡，出锅浇在胡萝卜上即可。

## 更多食用建议

加少量油，可让这道菜更加香甜可口。

# 肉片炒莴笋

## 保健解析

莴笋中含有大量的钾，有利于促进排尿，维持水平衡，其中所含的氟元素可参与骨骼的生长。莴笋还含有丰富的碘，对宝宝的基础代谢和体格发育有利。

**主料** 莴笋 150 克，猪瘦肉 50 克，冬菇 10 克。

**辅料** 蒜、食用油、盐、味精、糖、湿生粉各适量。

## 制作过程

1. 莴笋去皮洗净，切成片；瘦肉洗净，切片，加盐、味精、湿生粉腌好；冬菇洗净切片；蒜剁碎。
2. 锅内倒入油烧热，放入肉丝滑炒至八成熟，装盘备用。
3. 锅内留底油，放入蒜蓉、莴笋片，加盐，炒至快熟，放香菇、味精、糖、肉片炒透，用湿生粉勾芡即可。

## 更多食用建议

莴笋叶的营养远远高于莴笋茎，叶比其茎所含的胡萝卜素高出72倍、维生素$B_1$高出1倍、维生素$B_2$高出4倍、维生素C高出2倍。妈妈可以用莴笋叶煮汤让宝宝饮用，对易咳嗽的宝宝是不错的平咳之品。

# 百花酿冬菇

## 保健解析

冬菇含有蛋白质、脂肪、碳水化合物，同时含维生素A、维生素C、维生素$B_1$、维生素E以及钙、铁、锌等营养成分，具有增强机体免疫力等功能。

**主料** 干冬菇20克，马蹄2个，五花肉100克，虾仁50克，菜心200克。

**辅料** 姜丝、葱花、生粉、料酒、食用油、味精、盐、高汤、蚝油各适量。

## 制作过程

1. 将马蹄去皮洗净，剁成碎粒；五花肉、虾仁洗净后剁烂，一起加味精、生粉、盐、水拌匀至起胶，再加入马蹄碎粒及葱花拌匀。
2. 将发水的冬菇洗净、去蒂，加料酒、姜丝、葱花，蒸熟后去水备用；将菜心在放有食用油和盐的开水中焯至熟，捞起滤干水。
3. 将冬菇沾上干生粉，再把肉胶分放在冬菇上贴紧，入笼蒸至熟，取出，放上焯好的菜心。
4. 然后加二汤、蚝油、味精、湿生粉勾芡，加包尾油拌匀，淋在冬菇与菜心上即可。

## 更多食用建议

妈妈在购买冬菇时，以梗粗短、伞肉厚实的为宜，而伞部内侧变黑或伞部乌黑潮湿的不宜食用。妈妈在为宝宝准备这道菜时，冬菇的量不宜过多，每次食用2～4朵即可。

# 猪肉酿节瓜

## 保健解析

节瓜含有丰富的钾盐、胡萝卜素、钙、磷、铁、维生素A、B族维生素和维生素C，是一种性质平和的保健蔬菜。节瓜含钠量和脂肪量都较低，它还具有清热、清暑、解毒、利尿、消肿等功效。

**主料** 五花肉200克，节瓜400克，湿虾米15克，湿冬菇粒15克。

**辅料** 食用油、高汤、盐、味精、生抽、湿生粉各适量。

## 制作过程

1. 将五花肉的肥肉和瘦肉分开，分别洗净剁烂；瘦肉加入盐、味精拌匀，打至起胶，再加入肥肉、湿生粉、冬菇粒、虾米，拌匀备用。
2. 节瓜去皮洗净，并切去头尾部分（切出的头尾留下备用），挖去瓜瓤，将拌好的猪肉馅酿入瓜膛内，将切出的头尾封口并用竹签固定。
3. 把酿好的节瓜放在油锅中稍炸片刻捞起，去油后放回锅内，加二汤，烧至酥熟，加盐、生抽、味精，用湿生粉勾芡，加包尾油拌匀，除去竹签即可。
4. 上桌后可用小餐刀切开食用。

## 更多食用建议

选购节瓜时以瓜身多毛、呈光泽的为佳。节瓜的老瓜、嫩瓜均适合炒、煮食或做汤用。嫩瓜肉质柔滑、清淡，烹调以嫩瓜为佳。此外，妈妈还可以用节瓜与牛肉搭配为宝宝换换口味，一定会深受宝宝喜爱。

# 海带绿豆汤

## 保健解析

绿豆的蛋白质含量比鸡肉还要高，热量是鸡肉的3倍、钙是鸡肉的7倍、铁是鸡肉的4倍，维生素$B_2$以及磷等含量也比鸡肉高。此汤可清暑益气，补充水分。

## 制作过程

1.将绿豆、甜杏仁洗净；海带洗净切丝。
2.将海带、绿豆、甜杏仁一同放入锅中，加水煮，并加入布包玫瑰花。
3.待海带、绿豆煮熟后，将玫瑰花取出，加入红糖即可。

**主料** 海带 15 克，绿豆 15 克，甜杏仁 9 克，玫瑰花 6 克 ( 布包 )。

**辅料** 红糖适量。

## 更多食用建议

绿豆一定要煮烂，未煮烂的绿豆腥味强烈，吃后易使人恶心、呕吐，因此妈妈在煮的时候一定要注意火候。

# 芦笋煨冬瓜

## 保健解析

芦笋中的蛋白质、维生素C、维生素A、维生素$B_1$、维生素$B_2$及烟酸含量分别是番茄的1~2.5倍、1~2倍、1.5~2倍、3~6倍、3~7倍及1.5~3倍。芦笋所含蛋白质、碳水化合物、多种维生素和微量元素的质量优于普通蔬菜。

主料 芦笋250克，冬瓜300克。

辅料 食用油、葱末、姜、盐、味精、淀粉各适量。

## 制作过程

1. 将芦笋洗净切段；冬瓜削皮洗净，切长条块。
2. 将冬瓜放入沸水中烫透，用凉水浸泡沥干，与芦笋、油、盐、葱末、姜一起煨烧30分钟。
3. 然后加味精、湿淀粉勾芡即可。

## 更多食用建议

芦笋不宜让宝宝生吃，也不宜存放1周以上才吃。芦笋的食用部位为柔嫩的幼茎，有助消化、增食欲、提高机体免疫能力的作用，可谓是宝宝强身健体的保护神。

# 蘑菇鲫鱼

## 保健解析

鲫鱼含有全面而优质的蛋白质，还含有维生素A、钙、磷、钾、钠、镁等营养物质，能理气开胃、补充营养。

**主料** 鲜鲫鱼300克，鲜平菇100克，笋片5克。

**辅料** 葱、姜、清汤、食用油、大蒜片、油菜心、盐各适量。

## 制作过程

1. 将鲫鱼宰杀洗净，入开水锅中烫过；鲜平菇洗净，撕成大片；葱、姜分别洗净切末；油菜洗净。
2. 锅内加入食用油，烧至五成热时加葱姜末烹出香味，加入清汤、鲫鱼、蘑菇同炖。
3. 加盐、笋片，炖至鱼肉熟时，加油菜、大蒜片，盛入汤盆中即成。

## 更多食用建议

鲫鱼不可与猪肝同吃，因为两者同吃具有刺激作用，对宝宝的健康有危害。

# 木耳炒白菜

## 保健解析

黑木耳含有蛋白质、多糖类以及矿物质和维生素等营养成分，其中铁的含量极为丰富，常食可防治宝宝的缺铁性贫血。

主料 黑木耳 80 克，大白菜 200 克。
辅料 葱段、盐、酱油、食用油各适量。

## 制作过程

1. 将黑木耳用清水洗净，切细丝，待用。
2. 将大白菜洗净，取出菜心，切成小段。
3. 将少许油倒入锅中烧热，放入葱段爆香，放入白菜、黑木耳丝，加酱油、盐调味，快速翻炒片刻即可。

## 更多食用建议

在温水中放入黑木耳，然后再放入盐，浸泡半小时可以让黑木耳快速变软。

# 五彩肉丁

## 保健解析

胡萝卜含丰富的蛋白质，同时含维生素A、维生素C、维生素E、钙、铁等，适合生长发育中的宝宝和儿童食用。

## 制作过程

1. 先将胡萝卜、蜜豆、鲜笋、洋葱、瘦肉分别洗净，切成细丁。
2. 锅中倒入油烧热，将瘦肉丁、胡萝卜丁、蜜豆丁、鲜笋丁下锅，加入调料翻炒。
3. 炒至材料熟，以少许水淀粉勾芡，撒上腰果即可。

**主料** 瘦肉 100 克，油炸腰果、胡萝卜、蜜豆、洋葱、鲜笋各 50 克。

**辅料** 食用油、水淀粉、盐、味精各适量。

## 更多食用建议

这道色彩丰富的菜一定可以引起宝宝的兴趣，妈妈可以在宝宝的碗里一边放饭一边放菜，宝宝可以一口菜一口饭的方式来食用。

# 金钩黄瓜

## 保健解析

这是一道美味又营养的食品，在夏季为宝宝准备可清热解暑，既清淡又营养。

主料 海米10克，嫩黄瓜250克。

辅料 姜、葱、香油、盐、味精各适量。

## 制作过程

1. 将黄瓜洗净，切去两头后切成条，用盐腌渍片刻，滤去盐水，拌入少许味精。
2. 将海米放入碗内，注入清水适量，加姜、葱，隔水蒸至酥透时取出备用。
3. 浇上备用的海米和水，淋上香油即成。

## 更多食用建议

黄瓜含丰富的蛋白质，且味道鲜美脆爽，清热解暑，可以作为宝宝夏季调剂饮食的菜肴。此菜热量低，适合营养过剩的宝宝食用。

# 双色虾仁

## 保健解析

虾仁中含有丰富的矿物质，如钙、磷、铁等，其中钙有促进骨骼、牙齿生长发育，加强人体新陈代谢的功能；铁可以协助氧的运输，预防缺铁性贫血。

主料 鲜虾仁500克，土豆丝250克，番茄酱25克。

辅料 葱段、盐、食用油、鸡汤、香油各适量。

## 制作过程

1. 将土豆丝装入模具，炸成土豆盅。
2. 将油倒入锅中烧至五成热，放入虾仁、盐等调料滑熟。
3. 番茄酱炒至鲜红色，下一半虾仁，勾芡后装入土豆盅内，围在盘边；另一半虾仁下油锅，加入葱段，烹鸡汤，调好味后淋香油即成。

## 更多食用建议

妈妈在购买虾类的时候要注意，颜色发红、身体变软及掉头的虾都是不新鲜的。妈妈还可变个花样为宝宝做一道白灼虾，这道菜虾肉更香、味更美，而且无腥味，宝宝还可用手抓着吃，培养宝宝自己动手的能力。

# 豉汁焖排骨

## 保健解析

排骨富含蛋白质、碳水化合物、维生素C、维生素E、钙、锌等多种对宝宝成长有益处的营养素。

**主料** 肉排250克，豆豉4克，蒜半头。

**辅料** 葱段、生粉、盐、糖、老抽、食用油各适量。

## 制作过程

1. 将肉排洗净斩件；用刀背将豆豉、蒜瓣捶烂成蓉，与排骨件拌匀。
2. 再加入生粉、糖、盐、老抽，拌匀后再加少许食用油，再拌匀。
3. 铺平于碟中，入笼蒸 8 分钟，取出后加入葱段即成。

## 更多食用建议

排骨对大脑、脊髓有补益作用。妈妈还可以换个菜式来做，如糖醋排骨、酱烧排骨等，既营养又美味，宝宝在进食的同时，还能起到锻炼牙齿的作用。

# 海带虾仁冬瓜汤

## 保健解析

冬瓜属于清淡性食物，含有丰富的人体必需的营养素，并含有丰富的纤维、钙、磷、铁、胡萝卜素等，对宝宝的成长有补充营养之功效。

**主料** 虾仁100克，冬瓜200克，海带100克，瘦肉100克。

**辅料** 姜、盐、味精各适量。

## 制作过程

1. 虾仁洗净，沥干水分；冬瓜去皮洗净切粒；海带浸透，洗去咸味，剪片；瘦肉洗净切薄片。
2. 将冬瓜粒、海带片放入汤锅，注入滚水适量，煲 30 分钟。
3. 加入肉片煲约 1 小时后，再放入虾仁、姜，再稍滚片刻，加盐、味精调味即可。

## 更多食用建议

整个成熟的冬瓜表皮带白霜，无绒毛，敲打时声音厚实。切块购买的话，宜挑选肉质厚实的。冬瓜肉质清凉，是夏季极佳的消暑蔬菜。此菜是宝宝在炎热夏季的清凉之品，营养又消暑。

# 玉米鱼肉粥

### 保健解析

鱼肉含有丰富的蛋白质，适量的矿物质、纤维及丰富的B族维生素，有助于宝宝发育成长，为身体打好强健的基础。

主料 鱼肉100克，玉米粒30克，大米50克。
辅料 盐适量。

### 制作过程

1. 大米淘洗净，用清水浸1小时；玉米粒洗净；鱼肉蒸熟，去骨，肉捣碎备用。
2. 将大米下锅加水煲，水滚后用小火煲至稀糊。
3. 将玉米粒倒进粥里，煲片刻，加入鱼肉，加少许盐调味即可。

### 更多食用建议

此粥黄白分明，味道鲜美，一定很吸引宝宝的眼球。如果宝宝很有兴趣，妈妈可以给宝宝适当增加食量。妈妈在为宝宝准备此食谱时，小米每次放60克左右即可。

# 咸蛋蒸肉饼

保健解析

五花肉富含蛋白质、碳水化合物、维生素A、钙、锌等多种营养素，适合宝宝生长发育需要增加营养时食用。

主料 咸蛋150克，五花肉150克。

辅料 味精、盐、生粉、生抽、食用油、高汤各适量。

## 制作过程

1. 将五花肉洗净剁烂，加入盐、味精、生粉拌匀，搅至起胶。
2. 加入咸蛋白、食用油，拌匀后放在碟上铺匀，然后将蛋黄用刀压扁，放在肉面上，入笼蒸熟取出。
3. 用生抽、高汤调匀，淋在肉面上即成。

## 更多食用建议

猪肉的瘦肉是被脂肪层所包围的，以脂肪纯白、肉呈粉红色的为佳品。妈妈不妨为宝宝多准备此类食品，但分量不宜过多，宝宝每天食50克猪肉为宜。

# 青椒炒猪肝

## 保健解析

青椒含有丰富的维生素C、维生素K、抗氧化的维生素和微量元素，能增强人的体质。

| 主料 | 猪肝 200 克，青椒 10 克。 |
| --- | --- |
| 辅料 | 姜、香油、盐、生粉各适量。 |

## 制作过程

1. 猪肝洗净后切片；青椒洗净切成片；姜洗净去皮，切丝。
2. 猪肝加盐、湿生粉，腌过。
3. 以香油热锅后，加入姜丝炒香，再倒入猪肝、青椒片炒至熟，加盐调味即可。

## 更多食用建议

妈妈在准备这道菜时，要把青椒的籽去除干净，因为青椒的籽有较强的刺激性，宝宝会有所抵触而不愿进食。

# 酱烧茄子

## 保健解析

茄子的紫皮里含有丰富的维生素E和维生素P，这是其他蔬菜不能比的。茄子还有清热活血、消肿止痛的功效，对宝宝在运动过程中的磕伤碰伤有很好的疗效。

主料 茄子400克。

辅料 食用油、葱段、酱油、番茄酱、盐各适量。

## 制作过程

1. 将茄子洗净，去蒂，切小块。
2. 锅中倒入油烧热，放入茄子，略炸一下取出，沥干油。
3. 锅中留底油，放入葱段炒香，加番茄酱、盐、酱油，一边煮一边搅拌，放入茄子块拌匀，略煮至熟即可。

## 更多食用建议

质量好的茄子应该是深紫色，有光泽，无斑、无虫眼，蒂部新鲜未干的。除了酱烧茄子外，妈妈还可以为宝宝做个茄子煲，美味又营养。

# 山楂玉米粒

## 保健解析

玉米中的维生素含量非常高，为稻米、小麦的5~10倍。玉米中含有大量的营养保健物质，除了碳水化合物、蛋白质、脂肪、胡萝卜素外，还含有核黄素等营养物质。玉米能提供的钙几乎与乳制品中所含的钙差不多。

主料 干山楂40克，玉米粒200克，青豆50克。
辅料 食用油、蒜蓉、盐、味精各适量。

## 制作过程

1. 将山楂洗净切成粒；玉米粒洗净，待用。
2. 锅内下油，下蒜蓉爆香，加入山楂粒、玉米粒、青豆翻炒。
3. 将熟时，调入盐、味精调味，出锅即可。

## 更多食用建议

发霉的玉米能产生致癌物质，绝对不能食用。玉米清甜又耐咀嚼，宝宝食用可以起到锻炼牙齿的作用。

# 黄豆焖鸡翅

### 保健解析

黄豆的营养价值很高，其所含的蛋白质比鸡蛋多2倍、比牛乳多1倍。黄豆还富含不饱和脂肪酸和大豆磷脂，对宝宝有健脑和强身的作用。

**主料** 黄豆 50 克，水发冬菇 50 克，胡萝卜 50 克，鸡翅 4 只。

**辅料** 葱、姜、姜汁、盐各适量。

### 制作过程

1. 黄豆用清水泡 20 分钟左右；冬菇用清水洗净，撕块；鸡翅用姜汁、盐、葱等腌制入味；胡萝卜去皮洗净，切成粒。
2. 黄豆、冬菇加葱、姜等调料煮熟，待用。
3. 锅中倒入油烧至八成热，下入腌好的鸡翅，翻炒至变色，放入煮熟的黄豆、冬菇、胡萝卜粒及适量汤，改小火，一同焖至汁浓即可。

### 更多食用建议

黄豆具有清热解毒的功效，对体质燥热的宝宝正适宜。妈妈在料理这道菜时，要用高温煮烂黄豆。不宜让宝宝食用过多黄豆，以免妨碍消化而致腹胀。

# 双菇苦瓜丝

## 保健解析

金针菇氨基酸的含量非常丰富，高于一般菇类，尤其是赖氨酸的含量特别高，而赖氨酸具有促进宝宝智力发育的作用。

**主料** 苦瓜 150 克，香菇、金针菇各 100 克。

**辅料** 姜、酱油、糖、香油各适量。

## 制作过程

1. 将苦瓜洗净，切成细丝；姜洗净切成细丝；香菇浸软切丝；金针菇切去尾端洗净。
2. 锅中下香油烧热，爆香姜丝后，加入苦瓜丝、冬菇丝及盐，同炒至苦瓜丝变软。
3. 将金针菇加入同炒，炒匀即可食用。

## 更多食用建议

金针菇不可生吃，变质的金针菇绝对不能给宝宝食用。金针菇滑嫩，柄脆，味美适口，宝宝一定会很喜欢。

图书在版编目(CIP)数据

宝宝营养食谱 / 犀文图书编著. -- 北京 : 中国农业出版社, 2015.1（2017.4 重印）
（私厨订制食谱）
ISBN 978-7-109-20086-9

Ⅰ. ①宝… Ⅱ. ①犀… Ⅲ. ①婴幼儿－保健－食谱 Ⅳ. ①TS972.162

中国版本图书馆CIP数据核字(2015)第001481号

本书编委会：辛玉玺 张永荣 朱　琨 唐似葵 朱丽华
何　奕 唐　思 莫　赛 唐晓青 赵　毅
唐兆壁 曾娣娣 朱利亚 莫爱平 何先军
祝　燕 陆　云 徐逸儒 何林浈 韩艳来

中国农业出版社出版
（北京市朝阳区麦子店街18号楼）
（邮政编码：100125）
总 策 划　刘博浩
责任编辑　吴丽婷

北京画中画印刷有限公司印刷　新华书店北京发行所发行
2015年6月第1版　2017年4月北京第2次印刷

开本：787mm×1092mm　1/16　印张：8
字数：150千字
定价：29.80元